每晚临睡前，
原谅所有的人和事

丁宁 著

MEIWAN

LIN SHUI QIAN ,

YUANLIANG SUOYOU DE
REN HE SHI

中国华侨出版社

前言

很多人说，现在的生活压力太大，每天被各种事物烦扰，神经紧绷，生活和工作排山倒海，马不停蹄，令人压抑、愤懑、焦躁、不安。其实，所有的委屈与压力，都源自于你的内心不够强大。缺少宽容，身心脆弱，无法原谅和放下让你不快的人和事。

生活本质就是一种妥协、一种忍让、一种迁就。并不是所有的事情都合乎时宜，也不是所有的相遇都恰逢其时，有些东西并不牢固，但你必须依靠；有些事情并不喜欢，但你必须去做。这是生活的责任，更是生命的意义。

一切过得去和过不去的事终将过去。今天再大的事，到了明天都是小事。所有让你难过的事，总有一天你会笑着说出来。放下耿耿于怀的事，原谅念念不忘的人，那些令人抓狂的事，让你挂怀的人，既然已成为无法改变的过往，为什么不坦然放下、宽心原谅呢？

人的一生中会遇到很多不顺心的事，会碰到不顺眼的人，如果你不学会原谅，就会活得很痛苦，活得很累。学会原谅，就能放下一切，让自己放下怨恨，不再让怨恨控制着生活，影响着心情。本书以善解人意的说理和事例，让你体会到原谅和放下是人生多么难得的一种心性体验。闭上眼睛，清理你的心，过去的就让它过去，无论今天发生多么糟糕的事，都不应该感到悲伤。一辈子不长，用心甘情愿的态度，过随遇而安的生活。

目录
Contents

你必须相信，你的眼光决定你未来的方向

| 第十辑 |
每一次委屈，都是一次成长

第 | 一辑
放下那些让你耿耿于怀的事

　　如果生命中没有遗憾，那么我们会少了很多丰富的体验，我们的生命也就少了很多或光彩，或暗淡的时刻。感谢人生中的遗憾，因为错过和不完美，我们才会有更好的机会，去遇见更好的自己。面对遗憾，不必耿耿于怀，放宽心胸，宽以待人。

放下耿耿于怀的事

别为已经发生的事情耿耿于怀，学会用气度和胸襟克服所有的不幸。

通常，我们会为了生活当中无法接受的事而懊恼、抱怨不已：工作出现失误了、东西被偷了、排水管塞住了等。虽然我们抱怨、愤怒、唠叨、自怨自艾，希望事情会有所不同，但实际上这一切都于事无补，反而可能使事情更糟。

一位妇人在上街的时候不小心丢了一把雨伞，就因为这一件小事情，她一路上都十分懊恼，还不停地责怪自己："我怎么如此的不小心，如果我多留点儿心的话，或许雨伞就不会丢了……"

等回到家之后，这位妇人才发现，由于刚才太专注已经丢失的那把雨伞，她在仓促与不安中居然一不小心把自己的钱包也弄丢了，她后悔地说："唉，如果我那会儿不那么关注雨伞的话……"

"开弓没有回头箭，人生能有几回搏。"过去的已经过去，已是过去式了，它不代表现在，更不能代表未来，已经不能挽回了，再也找不回来了。境况大为不同时，心中却还在念念不忘，这就是刻舟求剑、守株待兔的悲剧所在。

既然事情已经发生了，我们就要及时进行自我调整，心平气和地接受现实，好好地把握现在，唯有如此，才能积极地为将来做好准备。正如美国哲学家詹姆士所说："接受无法更改的事实，是克服不幸、改变未来的第一步。也就是说，虽然我们改变不了事实，但我们可以改变自己的思维和反应模式，控制自己的行为和反应。"

比如，当我们在刷盘子的时候不小心打破了一个盘子，与其又嚷又喊、懊恼不已，不如一笑置之，心平气和地接受这样的事实——现在摆在我面前的是一个打破的盘子，剩下的问题是盘子已经破了，唯有引以为戒、小心谨慎，才能避免下一个盘子被打破。

荷兰的阿姆斯特丹有一座15世纪的教堂遗迹，里面有这样一句让人过目不忘的题词："事必如此，别无选择。"与之类似，一位得道高僧曾说过处理问题的12字箴言："面对它、接受它、处理它、放下它。"可见，面对无法改变的事情，最好的办法就是接受它，"不要为打翻的牛奶哭泣"，超脱地重新开始。

让我们分享一个故事吧，名字就叫《不要为打翻的牛奶哭泣》。

成功学大师戴尔·卡耐基事业刚起步的时候，在密苏里州举办了一个成年人教育班，并且陆续在各大城市开设了分部。由于没有经验又疏于财务管理，在他投入很多资金用于广告宣传、租房、日常的各种开销之后，他发现虽然这种成人教育班的社会反响很好，但自己一连数月的辛苦劳动竟没有挣到钱。

卡耐基为此很是烦恼，他不断地抱怨自己疏忽大意。这种状态维持了好长时间，他整日闷闷不乐，神情恍惚，无法进行刚刚开始的事业，后来他只好去找中学时代的心理老师乔治·约翰逊，寻求心灵上的帮助。

听完卡耐基的话之后，老师意味深长地说："是的，牛奶被打翻了，漏光了，怎么办？是看着被打翻的牛奶哭泣，还是去做点儿别的？记住，被打翻的牛奶已是事实，没有可能再重新装回瓶子里，我们唯一能做的就是吸取教训，然后忘掉这些不愉快。"

老师的话如醍醐灌顶，使卡耐基的苦恼顿时消失，精神也为之振奋。他说："我拒不接受我遇到的一种不可改变的情况，我像个蠢蛋，不断做无谓的反抗，结果带来无眠的夜晚。我把自己整得很惨，终于我不得不接受我无法改变的事实，重新投入到了热爱的事业中。"后来，卡耐基成为美国著名的企业家、教育家和演讲口才艺术家，被誉为"成人教育之父"、"20世纪最伟大的成功学大师"。

是啊，"别为打翻的牛奶哭泣！"牛奶打翻在地已经是事实了，再抱怨、再后悔也无济于事了。我们唯一能做的就是忘记过失，接受现实，做好下一件事，能够这样做的人是洒脱的、智慧的！

总之，许多的经历，我们是无法逃避的，也是无所选择的。当发现情势已不能挽回时，我们最好不要再思前想后，要接受不可避免的事实，积极地进行自我调整，进而在人生的道路上掌握好平衡。

如果你能忘却那些小烦恼

我们的心房很小，装的烦恼多了，快乐就少了。

在生活中，我们时常因为一些小事，被一些本应该不屑一顾的小事弄得心烦意乱。越抓紧这些小事，内心苦闷的情绪越无法得到释放，这就等于在无形中夸大了小事的重要性，生活很可能就被这些小事给搅坏了。

先来看一个故事。

在科罗拉多州长山的山坡上躺着一棵大树的残躯。自然学家告诉我们，它已有一百四十多年的历史了，在它漫长的生命旅程中，曾被闪电击中过14次。无数次狂风暴雨侵袭过它，它都能战胜，但一小队甲虫的攻击使它永远倒在了地上。那些小甲虫从根部向里咬，渐渐损伤了树的根基，它们虽然小，却持续不断地攻击。这样一株巨木，岁月不曾使它枯萎，闪电不曾将它击倒，狂风暴雨不曾动摇过它，却因一小队用大拇指和食指就能捏死的小甲虫，终于倒了下来。

我们不就像森林中那棵身经百战的大树吗？我们也经历过生命中无数狂风暴雨和闪电的袭击，也都撑过来了，可是却总是让恼人的小甲虫侵蚀——那些用大拇指和食指就能捏死的小甲虫。你是否因为在上班的途中遇到堵车，烦躁随之而来？你是否因为不小心被人踩到了脚，心情变得异常糟糕……

当这些烦恼被列举出来，你一定会发现，那些每天烦扰我们心灵的90%以上都是小事。这些小事引起的烦恼总是一抓住机会就侵占我们的内心和思想，我们如果不狠狠地将它们抛到九霄云外去，它们就将在我们的内心生根发芽，越长越大，直到我们承受不了，最终被它们压垮。

正如美国作家梭罗所说："我们的生命都在芝麻绿豆般的小事中虚度，毫无算计，也没有值得努力的目标，一生就这样匆匆过去了……"著名的心灵导师戴尔·卡耐基也认为："许多人都有为小事斤斤计较的毛病。人活在世上只有短短几十年，却浪费了很多时间，去愁一些一年内就会被忘掉的小事。"

难道我们就甘愿被这些烦恼困扰吗？不，我们要想办法解决它、摆脱它。有时候，短暂的遗忘可以帮助我们很快摆脱这些小事的干扰。事实上，我们的头脑就像一座空房子，房子的面积是有限的，牢牢记住有用的东西，对于那些烦恼的小事忘得越干净越好，我们就会找到原本属于自己的快乐。

掌握了这一解决方法后，如果下次再遇到烦恼就好办了。当朋友来安慰你时，就笑嘻嘻地回答："我忘了！"然后做自己想做的事。这是一种超脱的心境，是一种博大的气度，可以让一颗自由之心越过尘世，在广袤的天地间翱翔……

尺比寸长，但十寸就等于一尺，再继续累加的话，寸也可以超越尺。因此，我们说，尺有所短，寸有所长，关键看你是否有包容的量，能否继续扩充。高是因为能容纳很多的矮，长是因为能容纳很多的短……

苏格拉底的妻子脾气非常不好，是一个有名的悍妇。她常常对苏格拉底疾言厉色，但是苏格拉底从来都不对妻子发火。一天，妻子又因为一件小事而大动肝火，她把苏格拉底痛骂了一顿，仍然觉得不解气，于是她又提一桶水，从苏格拉底的头上倒下去。苏格拉底全身都湿透了。朋友们都以为苏格拉底肯定会大发雷霆，但出乎意料的是苏格拉底并没有生气，而是笑着说："我就知道，打雷过后，肯定会有一场大雨的。"结果，妻子也忍不住笑了起来，一场大战就这样避免了。

俗话说"夫妻吵架不记仇，半夜三更睡一头"，苏格拉底就是本着这个原则，才会幸福地生活着。他没有因为妻子的无理取闹而大发雷霆，因为他知道这只不过是小事一桩，没有必要怒上心头。做人就应该像苏格拉底这样心胸宽广，不为微不足道的小事烦恼，维护好和别人的关系。

我们在经历有些事时总也想不通，直到生命快到尽头时才恍然大悟。的确，平时一些令人发愁的事情其实都是微不足道的，在遇到生命危险时，我们就会立即发现它们那么荒唐、渺小，实在没有理由值得烦恼。

有这样一个富有戏剧性的故事，主人公叫罗勃·摩尔。

1945 年 3 月，罗勃和战友在太平洋海下的潜水艇里执行任务。忽然，他们从雷达上发现了一支日军舰队朝他们开来，他们连续发射了三枚鱼雷但都没有击中，便只好潜到 150 英尺深的海下，以免被对方侦察到。三分钟后，天崩地裂，六枚深水炸弹在四周炸开。深水炸弹不断投下，整整 15 个小时，有几十枚深水炸弹在离他们 50 英尺左右的地方炸开。若深水炸弹离潜水艇不足 17 英尺的话，潜水艇就会被炸出一个洞来。

罗勃吓得无法呼吸，不断地对自己说："这下死定了。"潜水艇的温度有摄氏 40 度左右，可罗勃却害怕得浑身发冷，不断冒冷汗。15 个小时后，攻击停止了，显然那艘布雷舰在用光所有的炸弹后离开了。这 15 个小时，罗勃感觉好像有 1500 万年，过去的生活一一在眼前出现。他记起来曾经担忧过的那些很无聊的小事，他对自己发誓："如果还有机会看到太阳和星星的话，我一定不为小事而烦恼。"

"如果还有机会看到太阳和星星的话，我一定不为小事而烦恼。"这是经过大灾大难才会悟出的人生箴言！生命是无价的，任何代价都换不来生命。人生在世，时间短暂，何必再为小事斤斤计较呢?

而且，从医学的观点看，经常为小事烦恼，对身心健康也是极其有害的。例如，《红楼梦》里的林黛玉，虽生有闭月羞花的美丽容颜，却常因一些芝麻绿豆大的事情而郁郁寡欢、愁肠百结、辗转反侧，最终落了个"红颜薄命"的悲惨结局。

有一首曾经很流行的歌叫作《莫生气》，歌词唱得好："人生就像一场戏，因为有缘才相聚。相扶到老不容易，是否更该去珍惜。为了小事发脾气，回头想想又何必，别人生气我不气，气出病来无人替。我若气坏谁如意，况且伤神又费力。"

"春有百花秋有月，夏有凉风冬有雪。若无闲事挂心头，便是人间好时节"。学会控制自己的情绪与行为，不为一些鸡毛蒜皮的小事烦恼，心境自然会变得豁达不少，如此我们也就更容易养出一份豁达的胸襟和气度。

那些不完美，会让你变得更努力

适当允许一些不足的存在，忘记自己身上的缺陷，学会接受"不完美"的自己。

我们不愿太胖，不愿太瘦，不愿变老;我们为自己的嗓音和口音焦虑，为自己鼻子太大或者秃顶焦虑……这都是为什么呢? 因为我们太轻信传言，认为假如没有一个完美无瑕的身体，我们就毫无价值。

这实在是一种错误的观念，事实上"金无足赤，人无完人"，世界上没有完美的人。倘若我们不能坦然接受自己身上的缺陷，缺陷就会成为阻碍我们自信的"绊脚石"，我们将因此自怨自怜、自暴自弃、悲观厌世。如此一来，我们的快乐会越来越少，忧郁会越来越重，更不用说拥有美好的人生了。

既然如此，我们何必纠结于自己这样或那样的缺陷呢？适当允许一些不足的存在，学会接受"不完美"的自己，这才是一种超逸的生活态度，相信这会让你变得自信起来，让自己的价值给别人最强烈的震撼！

有位电车服务员的女儿一直渴望成为明星。可惜，在外人看来，她并不具备成为明星的条件，她长了一张不美的大嘴，还有一颗龅牙。当她第一次在夜总会里演唱时，她千方百计地想用上唇遮掩那颗突出的牙齿，期望观众不会注意她的龅牙而去专心听她的歌唱。结果适得其反，台下的观众看她滑稽的样子，不禁大笑起来，女孩红着脸走下了台。

现场的一位观众觉得她很有歌唱才华，他很率直地告诉她说："刚才我一直在专心观赏你的歌唱表演，我看得出来你想掩饰的是什么，你害怕别人注意到你的龅牙，对不对？"女孩听后，一脸尴尬。接着，他又说："龅牙怎么了？没有人会在乎的，也许它还能够给你带来好运呢！"

听了这位观众的忠告，女孩打算此后不再掩饰自己的龅牙。每当她在唱歌的时候，她就尽情地把嘴巴张开，把所有的精力都置于歌声中。最后，她成为在电影及广播界享有盛名的双栖红星，她就是凯茜·桃莉，甚至很多喜剧演员都会模仿她唱歌的模样。

由此可见，一个人身上有没有缺陷并不重要，重要的是自己敢于接受并正确面对这个事实，而且除了你自己，没有人会刻意在乎你的缺陷。学着无视自己的缺陷，心平气和地接受自己，好好把握现在，才能找到自己的存在价值，有所作为的心灵行动才会真正开始，有价值的人生内容也就从此而升华了。

欧洲曾在瑞士的洛桑举办了一次"最完美的女性"研讨会。与会者通过逐一鉴别后公布的结果是：最完美的女性应该是有意大利人的头发、埃及人的眼睛、希腊人的鼻子、美国人的牙齿、泰国人的颈项、澳大利亚人的胸脯、瑞士人的手、斯堪的纳维亚人的大腿、中国人的脚、奥地利人的声音、日本人的笑容、英国人的皮肤、法国人的曲线、西班牙人的步态……所有这些还是不够，完美的女性还应有德国女人的管家本领、美国女人的时髦装束、法国女人精湛的厨艺、中国女人醉心的温柔……然而，即使上帝重新造人，也不可能集这些优点于一人身上的，因此，与会者达成的共同的结论是：真正完美的女人是根本不存在的。当然，男人也是一样。

所以，我们真的没必要因为自己比别人个子矮而自卑，也没必要为自己身材不够完美而气愤不已，更不必因为自己某方面的缺憾而自怨自怜。不是有一句话这样说嘛：这个世界上所有的缺陷都是被上帝咬过一口的苹果。这样的比喻是何等的新奇而幽默，又是怎样的从容淡定、豁达乐观。人类历史上有太多的天才俊杰都"被上帝咬过一口"：失明的文学家弥尔顿、失聪的大音乐家贝多芬、不会说话的天才小提琴演奏家帕格尼尼……

看看那些懂得接受不完美的人是如何做的吧，虽然他们自身并不完美，但他们能够无视自己的缺陷，能积极勇敢地面对自己，勇于接受"不完美"的自己。也因为此，他们能够尽可能发挥出自己最大的才能，他们的人生比别人辉煌得多。

一个小女孩出生时由于医生的疏失，其脑部神经受到严重的伤害，自幼就患上了脑性麻痹症，以致颜面、四肢肌肉都失去正常功能。她不能说话，嘴还向一边扭曲，口水也不能止住地流下。父母不甘心，带着她四处求医，他们怒气冲天："我们究竟做了什么对不起孩子的事情呢？"

后来通过观察，父母才明白这种看法错了。因为在小女孩看来，她天生就是这样。她并不把时间花在弄懂为什么她不能像别的孩子那样走路、做事上，而是乐天知命地生活着。众人的盯视、同龄人的好奇、比她小的孩子问她"你怎么啦"、"你为什么不会走路"，这一切她都不放在心上。她充满了发自心底的精力、活力和热情。她所关心的不是自己不能做什么，而是自己还能做什么。

后来，小女孩喜欢上了画画，她花了大半天的时间才能握住笔。14岁时，她进入洛杉矶市立大学就读，之后转至洛杉矶加州州立大学艺术学院，如今已取得博士学位，成为一名著名的画家，在多个地区举办了个人画展，她就是黄美廉。谈及自己的成功经验时，她如是总结："我很可爱！我会画画、会写稿！我的腿很美很长……我只看我所有的，不看我所没有的……"

黄美廉出名了，她是一个艺术家，她因完美的艺术而出名。她成功的故事向我们揭示了一个真理：接受残缺的自己，就有了坚定的自信心，也就有了战胜各种困难的能力。试想，如果黄美廉不能忘怀自己的缺陷，她很有可能自暴自弃，恐怕黄美廉这个名字就鲜为人知了吧！

还有奥黛丽·赫本，这位好莱坞的著名电影明星，她的身材并不完美，平胸、清瘦、手足细长，但是，她散发出来的气质让人觉得她就是一个优雅、大气、高贵的女人。这是因为，奥黛丽本人对于自己的外表没有太多苛求，她说："每个人都有缺点和优点，将优点发扬光大，其余的就不必理会。"这一观点值得我们每一个人借鉴。

从现在开始，忘记自己身上这样或那样的缺陷，接受"不完美"的自己吧！当你尽心尽力去做事，问心无愧地去努力，你就一定会接近完美，得到最丰厚的收获。你会发现自己会更快乐、更优秀，更能赢得众人的欣赏，你的生活必然会变得明朗起来，也就更容易打造出一个辉煌的人生。

错过不是痛苦，而是为了遇到幸福

人生要留一份从容给自己，善于忘怀生命中的错过，善于把握现在的拥有。

生命中一些极美、极珍贵的东西常常与我们失之交臂，而这些逝去往往会变成一把锋利的刀子，一刀一刀地在我们心上剜出血来。所以有人说：但凡世间的好事物中都暗藏了一些遗憾，错过是最深刻的痛苦，几多愁思，几多无奈。

但是，我们也不妨这样想想："得不到的东西永远是最好的。"正因为错过了，才是最完美的。没有错过，也就不会有那么完美了。所以，当你喜欢某物或某人时，得到也许并不是最明智的选择，而错过却会有意想不到的收获。

这一点并不难理解，我们不妨打一个形象的比喻：人生是由许多标点符号组成的，每一次错过都是一个逗号，只要错过存在，遗憾也就跟着出现，人生就永远没有句号，所以才会给我们留下永久的疑问和寻找。

由此可见，生命中，我们总会错过许多，但错过了就不要再埋怨，我们要学会感激，感激那些美丽的错过，正因为错过了，我们才多了一次其他的机会，而这个机会或许会变成我们最完美的期待，让错过不再只是遗憾。

当欧洲人正对东方的黄金和香料感兴趣时，一批航海家便开始寻找通往东方的新航路，但他们中最后只有葡萄牙航海家达·伽马发现了好望角。达·伽马因发现从西欧经海路抵达印度这一创举而驰名世界，其他一些航海家错过了发现这条新航路的机会，但他们留给了我们更多的记忆。

比如，同样是葡萄牙航海家的斐迪南·麦哲伦，从 1519 年 9 月到 1522 年 9 月，他和他的船员们花了整整三年的时间实践证明了地球是一个圆体，不管是从西往东，还是从东往西，毫无疑问，都可以环绕地球一周回到原地。这在人类历史上，永远是不可磨灭的伟大功勋。

世上所有的机遇并不都是为一个人而设的，人生总是有得有失、有成有败，从而留下一些遗憾。错过了，并不代表你不出色，别为错过而叹息，否则就会如泰戈尔大师所说："当你为错过太阳而懊恼时，你也将错过群星。"

是的，人生要留一份从容给自己，善于忘怀错过，善于把握现在。要知道，人生的每一个过程都是不可能重来的，最可喜可贺的是能从错过的失落中思索并找到自我生命的价值，继而勇敢迎接未来所有的挑战，如此，人生的前景依旧光明。

我们来看一个例子。

某名牌大学要来 A 市破格录取一名德才兼备的学生，这名学生的所有学习费用将由该校全额提供。初试结束了，共有 20 名学生成为候选人。考试结束后的第 10 天是面试的日子，20 名学生及其家长聚集在一家饭店等待面试。

当主考官出现在饭店的大厅时，一下子被大家围了起来。他们热情地向他问候，迫不及待地做自我介绍。这时，一名学生由于起身晚了一步，没来得及围上去；等他想接近主考官时，主考官的周围已经是水泄不通了，根本没有插空而入的可能。

就这样，这名学生错过了接近主考官的大好机会，他为此有些懊丧。正在这时，他看见一个女人有些落寞地站在大厅一角，目光茫然地望着窗外，他想："她是不是遇到了什么麻烦？"于是走过去彬彬有礼地和她打了招呼，做了自我介绍，然后问道："夫人，您有什么需要我帮助的吗？"接下来，两个人聊得非常投机。

在 20 名候选人中，这名学生的成绩并不是最好的，而且面试之前，他错过了加深自己在主考官心目中印象的最佳机会，但是他却最终被选中了。原来，那位女子正是主考官的夫人，而这名学生的善意之举为他赢得了机会。

原来错过并不一定是遗憾，有时甚至可能是圆满。当你错过了进剧院的时间，但在剧院门口外，遇到了多年不见的好友时，你还会叹息这次的"错过"吗？当你在雨天错过了一辆公交车，你也许会懊悔，但如果你因此买到了久觅不得的诗集时，你还会怨恨这次的"错过"吗？

因此，不妨选择忘怀错过，在沉沉的思索中把它理解成一种别样的美丽，凭着对未来的希望和憧憬，昭示自己奋力前行。最后，你或许可以深切地感受到："我虽然错过了太阳，但我毕竟抓住了月亮和群星。我应该感谢那些错过，是它们让我懂得了现在的美好。"

所有无心的伤害，都应该被原谅

要想修炼更好的自己，学会坦然地看待人生中的遗憾，就要把快乐刻在石头上，把不幸写在沙滩上，忘记朋友的伤害，铭记朋友的关爱。

世间真挚的友情难能可贵，但很多人可能会由于某种误会、疏忽或者别的什么原因，与原本很好的朋友闹了矛盾，此时若双方耿耿于怀，则误会可能越来越深，从此老死不相往来。

其实，朋友间的伤害往往是无心的，如果因为这种无心的伤害而失去彼此，那不仅是一种遗憾，而且是一种悲哀。因此，与朋友相处，要善于忘怀与朋友之间的不快，不要因为一点儿小事而失去朋友。

在与朋友的相处中，我们会经历开心和快乐，也会有苦楚、怒气和不能说的委屈，这时把快乐刻在石头上，把不幸写在沙滩上，忘记朋友的伤害，铭记朋友的关爱，双方的友谊就有可能一直持续下去。

在实际生活中，有些人总觉得自己的生活充满不幸与悲伤，他们很奇怪为什么有些人每天总是快快乐乐的。其实道理很简单，这就在于自己的选择：你是铭记，还是原谅别人的错误、别人对自己的伤害。

的确，有些伤害虽然不重，但如果时刻铭记在心，便会给自己造成巨大的负担，使自己很难轻松起来。因此，要想修炼更好的自己，就不能抓着别人的错误不放，不要轻易地被别人的伤害伤了自己。

春秋时期的政治家管仲和鲍叔牙之间深厚的友情已成为中国代代流传的佳话。在中国，人们常常用"管鲍之交"来形容自己与朋友之间坚固的亲密关系。现在，让我们来看看他们的故事。

管仲自幼家境贫穷，鲍叔牙则比较富有，早年两人合伙做生意，管仲只出很少的本钱，分红时却拿很多钱。朋友看不惯，纷纷为鲍叔牙鸣不平，但鲍叔牙解释说："管仲家里穷，他需要多拿些钱奉养自己的母亲。"

有好几次，管仲帮鲍叔牙出主意办事，结果不但没有办好事情，反而把事情搞得一团糟，鲍叔牙也不生气，还安慰管仲，说："事情办不成，不是因为你的主意不好，而是因为时机不好，你别介意。"

管仲曾三次带兵打仗，却三次临阵而逃了，大家纷纷骂他是"胆小鬼"、"懦夫"，瞧不起他。鲍叔牙忙替他辩白说，不是管仲胆小，而是管仲家中有八十高龄的老母，缺少人手照顾，所以他才如此爱惜性命。

二人由于辅佐的对象不同而成了政敌，最后鲍叔牙获胜，管仲沦为阶下囚。但鲍叔牙力保管仲，使他免于死罪，并设法使齐桓公原谅他，还任命他为宰相。之后管仲果然大显身手，功成名就。

鲍叔牙死后，管仲在墓前大哭不止，感慨道："以前我贫困时，分赢利总是多拿多占，他一点儿怨言也没有。后来，我常危害他，他不但不耿耿于怀，反而在危难关头极力帮助我。生我者父母，知我者鲍叔牙也。"

论治世之才，鲍叔牙和管仲的差距也许不止一筹，可是时至今日，人们对鲍叔牙的敬慕似乎远在对管仲才华的叹服之上，因为鲍叔牙胸襟宽容，他善于忘记管仲一时的过错，这简直是一束仁慈的阳光，温暖了管仲的心，也照亮了管仲的前程。管仲成功了，鲍叔牙更成功。

我们要永远记着石头上的快乐，而要将沙滩上的不幸让海水去冲刷。让我们把那些不幸的事统统留给沙滩吧，让大海卷走那些不快，什么都不要留下。直起腰来，我们就会望见蔚蓝的大海和点点的远帆，享受一片风和日丽的天空。

更何况，世间真挚的友情难能可贵，一生常欢聚的朋友更是不多。能够在自己的生活和事业圈子中有几个常欢聚的朋友，我们的生活会更加轻松，事业会更加顺利，何必因为一点儿不快而留下不应有的遗憾呢？

不能做自己喜欢的工作，就把目前的工作做出色

把喜欢的工作做好不算什么，把不喜欢的工作做好才算优秀，这是一种做人的气度和胸襟，也是一种生存的策略。

先来看一个真实的小故事。

许多年前，一个妙龄少女来到东京帝国酒店当服务员。这是她涉世之初的第一份工作，她暗下决心：一定要好好干！但没想到上司安排她洗厕所，而且必须把马桶洗得光洁如新！实话实说，洗厕所这种工作没有谁喜欢干，何况她从未干

过粗重的活，她细皮嫩肉，又喜爱洁净。当她白皙细嫩的手拿着抹布伸进马桶时，胃里立即造反，翻江倒海，恶心得几乎呕吐却又呕吐不出来。她感到太难受了，她陷入了困惑、苦恼之中，也哭过鼻子。

正在这时，同单位的一位前辈及时出现在她面前，他并没有用空洞的理论去说教，只是亲自做了个示范让她看了一遍。他一遍遍地抹洗着马桶，直到抹洗得光洁如新，然后他从马桶里盛了一杯水，一饮而尽，竟然毫不勉强。同时，他送给她一个含蓄的、富有深意的微笑，送给她一束关注的、鼓励的目光。

她目瞪口呆、恍然大悟、如梦初醒！她痛下决心：就算一生洗厕所，也要做一名最出色的洗厕工。她一遍一遍地刷着马桶，不放过任何一个角落。当然，她也多次喝过厕所水，为了检验自己的自信心，为了证实自己的工作质量，也为了强化自己的敬业心。就这样，她很漂亮地迈好了人生的第一步，开始了不断走向成功的人生历程。

许多人认为拥有一份自己感兴趣的工作，并且从中挣到钱，这是人生最重要、最幸福的事情。初涉社会的年轻人在选择职业时，更是常把对工作是否感兴趣这一问题放在第一位。不可否认，从事自己感兴趣的事情时，我们将更好地发挥自己的才能，工作效率高，内心自然充满愉悦和快乐。

但遗憾的是，人的一生中有多少时间是在从事自己喜欢的工作？恐怕不是很多。许多人于是为此愤怒和烦忧，对工作心不在焉，或者心烦意乱，结果这种消极的心态带来了不愉快甚至恶劣的工作态度，工作效率低下，越来越讨厌这份工作，很可能一辈子平平庸庸，这正是人生痛苦的根源之一。

从上面的故事中，我们能受到一点儿启发——这个世界、这个工作、这个岗位，不是为了你一个人而存在的。既然已经到了某个工作岗位，就要热爱目前的工作，努力地把这份工作做好。把喜欢的工作做好不算什么，把不喜欢的工作做好才算优秀，这是一种做人的准则，也是一种生存的策略。

对此，美国著名心理学博士艾尔森曾做过一次问卷调查，他访问了100名来自各个国家、各个领域的杰出人士，结果显示，其中 61% 的成功人士承认他们所从事的职业并非内心最喜欢的，至少不是他们心中最理想的，但这 61% 的人都已经成为了有成就的人，他们在不喜欢的岗位上却做出了一番成就。

为什么会这样呢？这是因为，一份工作是否有趣并不在于工作本身，而是完全取决于我们对工作的看法。当我们从心底认同一份工作，全力以赴地投入工作时，就会很容易地感受到这份工作的意义和乐趣。这就像恋爱一样，这个世界上没有那么多的一见钟情，刚开始时，他并不是你梦中的白马王子，但深入了解一番后，你会发现他的许多优点，从而喜欢上他，甚至对他欲罢不能。

的确，我们无法改变自己在工作和生活中的位置，但完全可以改变对所处位置的态度和方式。所以，无论我们喜欢什么工作，其实都是没有多大意义的，有意义的是"我现在在做什么"、"我该如何做好现在的工作"。学着喜欢现在的工作，好好地把握现在，我们就有可能成为某个领域的优秀者。

纽约证券公司的金领丽人苏姗给我们做好了这样的榜样。

苏姗出身于台北的一个音乐世家，由于从小的耳濡目染，她非常喜欢音乐，期望自己能够一生驰骋在音乐的广阔天地中。但阴差阳错地，她考进了大学的工商管理系。尽管她不喜欢这一专业，但她依然学得很认真，每学期各科成绩均优异。毕业时，她被保送到麻省理工学院，并拿到了经济管理专业的博士学位。而后她进入了自己并不喜欢的证券业，如今她已是美国证券业界的风云人物。

对此，很多人感到很奇怪，他们问苏姗："你不喜欢你的专业，为何你学得那么棒？你不喜欢眼下的工作，为何你又做得那么优秀？这不是很矛盾吗？难道你已经放弃对音乐的热爱了吗？"

"不，"苏姗十分坚定地说，"老实说，假如能够让我重新选择，我会毫不犹豫地选择音乐，但我知道那只能是一个美好的'假如'了，我只能把手头的工作做好……因为我在那个位置上，那里有我应尽的职责，不管喜欢不喜欢，我都没有理由草草应付。全身心地投入其中，才是正确的选择。"

苏珊的话很耐人寻味，"把手头的工作做好"，凝聚了她对自己所从事的工作的敬重，凝聚了她不甘平庸的理念。正是这种"在其位，谋其政，成其事"的敬业精神，让她将自己的喜好暂放在旁，演绎出了对职业的忠诚与认真，进而取得了令人瞩目的成功，拥有了一份骄傲的人生。

生活不可能是完美的，遗憾始终都会存在。也许因为命运的阴差阳错，也许因为单位的特殊需要，也许因为领导的调整交流，酷爱文学的你做了数学老师，喜欢教学研究的你做了行政管理，向往城市生活的你被分配到偏远的郊区学校任教……在这种情况下，你会怎样想、怎样做呢？

第 | 二辑
生活不是磨难，而是一种雕刻

　　我们不能选择生活的境遇，却可以选择坚强而果敢的态度。接受生活所赐予的一切，那些好的、不好的，都在时光的打磨、岁月的锻造中逐渐精致。原谅生活所经受的一切磨难，因为那是对人生的一种雕刻，人生因磨难而逐渐精致。

生活不是磨难，而是一种雕刻

伟大的人格无法在平庸中养成，只有历经坎坷的磨难后，
视野才会开阔，灵魂才会升华。

在人生这条道路上，有着无数的雨雪冰霜、艰难险阻，倘若我们一遇到磨难就意志消沉、自暴自弃，不再为自己的目标努力了，可能一时比较痛快，但却永远不可能享受到成功的喜悦，人生也会显得肤浅和苍白。

有一则小故事，读来颇有感触。

一个人看到一只蝴蝶即将破茧而出，却很久也未能挣脱茧的束缚，于是恻隐之心大动，想帮助蝴蝶尽快脱离"苦海"，于是找来剪刀给茧剪开一个小口。蝴蝶轻松地从茧中爬了出来。然而，令他始料不及的是，他这一剪却使蝴蝶从此丧失了飞翔和生存的能力。原来，蝴蝶的破茧挣扎实际上是为今后的振翅飞翔积聚能量。缺少了这一环节，最终导致蝴蝶因丧失飞翔的本能而死亡的悲剧。

成长的过程恰似蝴蝶破茧的过程，一个人必须首先经历过无数的苦难，接受各种考验，意志才能得到磨炼，力量才能得到加强，心智才能得到提高，才能获取知识与智慧，也才能够有所成就。

在《西游记》中，孙悟空几次气愤地提出，自己一个筋斗翻十万八千里把经拿回来，不就行了吗？能行吗？绝对不能！用今天的话来说，取经的过程，实际上就是唐僧及三个徒弟的成长过程，没有九九八十一难的考验和磨炼，也就不可

能有正果的修成。其实，佛祖看重的不是那些经书，而正是取经的过程。

即使某些人如孙悟空般神通广大，也需经历九九八十一难才能成功，那么对于平凡的我们来说，遭遇现阶段的种种磨难，也就更加无可厚非了。反过来说，路上的艰难险阻对于孙悟空来说是一种修行，磨难也是一种人生的考验和动力，上天给予我们的每个困境都有其特殊意义，关键就在于每个人的态度和做法。

智慧而坚毅的人懂得"宝剑锋从磨砺出，梅花香自苦寒来"的道理，懂得风雨是成长的助推剂，挫折是前进的发动机，所以，他们总能够以豁达积极的态度看待人生的磨难，具有战胜磨难的勇气和信心，不屈不挠，进而使自身的能力和才华得以发挥和提高。

"现代法国小说之父"、世界级著名大文豪奥诺雷·德·巴尔扎克曾说过："苦难对于天才是一块垫脚石，对能干的人是一笔财富，对弱者是一个万丈深渊。"的确，伟大的人格无法在平庸中养成，只有历经坎坷、磨难后，视野才会开阔，灵魂才会升华。而巴尔扎克本人正是踩着磨难走向成功的天才。

巴尔扎克虽为贵族出身，但由于母亲的冷漠无情，他不但缺少温暖的母爱，还觉得自己好像是家里多余的人，童年生活犹如噩梦一般。大学时期，他因为想做一名文学家而不是父亲喜欢的律师而与父亲的关系紧张，结果失去了稳定的经济来源，不得不靠四处打零工糊口。在此期间，他还进行着文学创作工作，但是他的付出并没有得到回报，那些作品不断地被退了回来。

从学校毕业后，为了获得独立生活和从事创作的物质保障，巴尔扎克曾先后从事出版业和印刷业，皆告失败，后来还在与书商打交道的过程中受骗，以致负债累累。为了躲避债务，他不得不多次迁居。最困难的时候，他每天只能吃几片儿干面包，喝点儿白开水。但他挺乐观，他在桌子上画一只只盘子，上面写上"香肠"、"火腿"、"奶酪"、"牛排"等字样，然后在想象的欢乐中狼吞虎咽。

经历了太多社会中混乱的人情世故，遭逢了无数的否定和不幸，巴尔扎克的生活几乎是一团杂草，但是他并没有沉沦于这些痛苦的情绪中，更没有放弃自己写作的愿望。他在手杖上刻了一行字："我将粉碎一切障碍。"他不断地追求和探索知识，对哲学、经济学、历史、自然科学、神学等领域进行了深入研究，积累了极为广博的知识和经验，终成法国现实主义文学成就最高者之一。

被骗负债、屡遭退稿、穷困潦倒……这些磨难足以打倒一个人，但是巴尔扎克不仅没有退缩，而且始终以积极乐观的心态去接受苦难、战胜苦难，最终抵达了生命的巅峰。正应了那句话：最好的才干往往是从烈火中冶炼出来的。上帝创造天才的方式，是这般独特和不可思议。

翻开世界名人与伟人的传记，有几个人没有经受过磨难的折磨？司马迁惨受宫刑，后百折不挠地完成了《史记》；勾践卧薪尝胆十年，才终灭吴国，报了国恨家仇；帕格尼尼一生遭遇了八次疾病的折磨，终成19世纪最伟大的小提琴家；贝多芬失聪之后，"身残志不残"，以顽强的毅力创作了《F大调协奏曲》。

看来，一个人在经受磨难之时，最重要的是培养出一份强大的心怀，能够把磨难看成是人生走向成熟与成功的"磨刀石"，而不要看作是人生的"绊脚石"，不是被动地承受外加的痛苦，而是把痛苦转化为内在抗争的力量。

对此，孟子曾说："天将降大任于斯人也，必先苦其心志，劳其筋骨，饿其体肤，空乏其身，行拂乱其所为，所以动心忍性，增益其所不能。"阻力越大，动力越大。

因此，面对不佳的际遇、一时的坎坷时，我们不能自我否定，不能失落失志，不能畏缩不前，更不能怨天尤人，要以豁达乐观的态度面对磨难，不仅要"经得起"磨难，更要主动去"迎接"磨难，在磨难中经受磨砺，如此就会化蛹成蝶，凌空飞翔，使卑微的生命绽放出夺目的光彩。

有梦就不怕路远，永远不放弃

每个人都有属于自己的梦想，每个人也都有实现梦想的权利，区别在于有的人能够坚持到底、永不放弃，有的人却半途而废，让梦想搁浅了。

梦想是火，点燃熄灭的灯；梦想是灯，照亮夜行的路。我们的人生有何种成就，取决于梦想。金戈铁马、驰骋沙场，这是辛弃疾的梦想，于是我们看到了他"气吞万里如虎"的飒爽英姿；金榜题名、一飞冲天，这是孟郊的梦想，于是我们看到了他"春风得意马蹄疾，一日看尽长安花"的风流倜傥……

梦想对人生而言是如此的重要，但是当梦想在现实中一次次碰壁，面对重重困难和阻力时，我们又该何去何从呢？甘心退缩吗？放弃梦想吗？不！这可不是成功者应有的性格。

我们不妨先来看一个故事。

据说，这个世界上能够到达金字塔顶端的只有两种动物：蜗牛和雄鹰。对于金字塔顶尖的美丽风景，雄鹰有着先天的优越条件，只要展翅高飞就可以看到。而蜗牛没有优越的先天条件，需要一步一步往上爬。在往上爬的过程中，它肯定不止一次地掉下来，也不止一次地感到失落、无望，可是它没有放弃，因为它坚信，只要自己努力，就一定能弥补自己的不足，达到理想的高度。一天、两天、一个月、两个月……最终，蜗牛欣赏到了和雄鹰所看到的一样的风景。

看到这里，谁能说小小的蜗牛不是可敬的强者？不管遇到怎样的困难和挫折，都能坚强地毫不在乎地往前走，且一如既往不言放弃，这就是一种难得的坚定与执着。他们承认人生中的不完美，接受人生中的不完美，感谢人生中的不完美，在此基础上坚持自己的梦想，相信总有一天，自己会踏上成功的巅峰，哪怕沧海桑田、地老天荒，岁月蹉跎、人生易老，无论那追逐寻觅的道路多么曲折漫长。

每个人心中都拥有一个梦想，或崇高，或伟大，或平凡，或普通。既然心中有梦想，那就勇敢地追求吧！想欣赏到金字塔顶的美丽风景，即使当不了展翅高飞的雄鹰，也要学着做一只向着梦想慢慢爬行的蜗牛。

不过，任何一个梦想都不是随随便便就能实现的，我们不仅要用汗水和心血浇灌它，而且还要用奋斗与拼搏去靠近它。命运的多舛不是放弃的理由，步履的艰难不是退缩的借口，探索的艰辛不是失败的原因，我们需要的是用勇气、用信念、用智慧摆脱阻碍前进的事物，战胜眼前的困难和艰辛，这才算是真正的梦想家和胜利者。

有一个女孩很小的时候就拥有一个梦想，就是成为一名出色的滑雪运动员。然而，她不幸患了骨癌。为了保住生命，她被迫锯掉了右脚。可是，厄运之神仍不断盯着她、开她的玩笑。癌细胞蔓延，她先后又失去了乳房和子宫。

一而再、再而三的厄运降临她的头上，她哭泣过、悲伤过，但从未放弃过心中的梦想。她一直在告诫自己："轻言放弃梦想就是失败，我要对自己的生命负责。"她不但没有被病魔打倒，相反以顽强的斗志和无比的勇气仍然勤练滑雪。

功夫不负有心人，几年后，她创下了多项世界纪录，其中，她获得了1988年冬奥会的冠军，她在美国历届滑雪锦标赛中共赢得了29枚金牌。后来，她还成为攀登险峰的高手。她就是美国运动史上极具传奇色彩的著名滑雪运动员戴安娜·高登。

这就是梦想的力量，这就是坚持梦想、永不放弃才能达到的奇迹！戴安娜·高登的人生故事给了我们许多感动和鼓舞，更给了我们深沉的思索和启迪：其实每个人都有梦想，每个人都有实现梦想的权利，区别在于有的人能够坚持到底、永不放弃，但有的人却半途而废，让梦想搁浅了。

马丁·路德金说"我有一个梦想"；切·格瓦拉说"让我们忠于梦想，让我们面对现实"；苏格拉底说"世界上最快乐的事，莫过于为梦想而奋斗"……忠于梦想的人是强大的，是值得我们敬佩的。

事实上，那些意志顽强的人们不仅不拒绝梦想实现途中的坎坷，还会将之视为实现梦想的基石。美国人兰迪·鲍许在著作《最后的演讲》中说过这样一句话："每一个梦想前面总会出现一道砖墙，但砖墙的存在不是为了阻挡我们，而是要给我们一次机会来表明我们是多么想得到某个东西。"

因此，无论生活多么烦琐，处境多么艰辛，你始终要明白自己想要到达的目的地在哪里，朝着你梦想的方向展帆远行，即便路上遇到狂风暴雨也绝不退缩，那么你最终必将征服梦想，一生无悔。

用多一份的坚持，换久违的成功

有时，也许会遇到生活的刁难，路遇困境。你要做的就是保持一份永不放弃的信念，坚持这一秒不放手，下一秒就有可能出现奇迹。

曾经看过一个令人深思的漫画：

一个人在凿井，凿一处，还很浅，见没有水就换一处；又凿了一个浅坑，还没有见水，就再换一处……他一连凿了好几处，在松软的土地上留下几个浅浅的"牛脚印"，都没有见水，只好失望地扛着铁锹走了。其实有的井距水层只有一锹之遥，如果再坚持一下，胜利便属于他了，然而他放弃了，于是与成功失之交臂。

凿浅井！一个多么形象而贴切的比喻啊！事情做不好，往往不是因为没有能力，而是没有恒心。努力并不一定能获得成功，但放弃则一定会失败。其实，看看我们身边的人、看看自己，是不是或多或少地犯有浅尝辄止、稍难即退、轻言放弃的毛病，凿了许多不见清泉的浅井，到头来像漫画中的人一样两手空空？

"锲而舍之，朽木不折；锲而不舍，金石可镂；绳锯木断，水滴石穿。"这句话反映的正是坚持的作用、坚持的力量。的确如此，看起来美好的东西不会那样容易获取的，若能得到，那必定是时间与毅力的结果。

古往今来，多少人有着伟大的理想，多少人在为理想而奋斗。但是，只有少数的人能够功成名就、永留史册，是他们比别人幸运吗？不是，很多时候是因为他们在坎坷面前不甘沉沦，没有退缩，始终抱着锲而不舍、坚持不懈的进取精神，不到最后关头绝不言放弃，这是不到长城不止步的豪迈气概。

也许，你会说"我一直都想成功，也坚持了很多次，但一直都没有好的结果"。很多次是多少次？上百次，几十次，还是只有几次？成功的道路太艰难，路途太坎坷，而坚持不懈意味着一直坚持下去，哪怕失败了百次、千次。要知道，当我们感到精疲力竭的时候，放弃是最简单的，也是看起来最好的选择。

一提到西尔维斯特·史泰龙，大家都知道他是一个电影巨星，风光无限，不过他的奋斗经历更让人心酸，更能给人启迪。

史泰龙生长在一个暴力家庭，而且生活得穷困潦倒，他身上全部的钱加起来也不够买一件像样的西服，但他仍全心全意地坚持着自己心中的梦想——做演员、当电影明星，一刻都没有放弃过。为了实现自己的梦想，史泰龙带着自己的剧本，开始挨家挨户地拜访好莱坞的所有电影公司，寻找演出的机会。

当时好莱坞总共有 500 家电影公司，在史泰龙逐一拜访以后，没有一家电影公司愿意录用他。这样郁郁不得志的挫折，足以耗费一个普通年轻人所有的热情与激情，但是史泰龙没有沉沦，更没有退缩。之后，史泰龙又从第一家电影公司开始了他的第二轮拜访与自我推荐，然而第二轮拜访也以失败而告终。史泰龙坚持着自己的信念，又开始了第三轮的拜访，结果仍与第二轮相同。不久后，他咬牙又开始了他的第四轮拜访。

终于，在第四轮拜访第 350 家电影公司的时候，奇迹出现了，这家公司的老板竟破天荒地同意投资开拍史泰龙写的这部电影，并请他担任自己所写剧本中的男主角。这部电影就是之后红遍全世界的《洛奇》。史泰龙名声大噪，一时成为"铁血英雄"的代言人。

假设在第三轮惨遭无情的拒绝后，西尔维斯特·史泰龙就停住了，那么现在还有这个动作巨星吗，还有他参与的电影佳作吗？他还能成就自己的美好梦想吗？他的人生还会如此精彩吗？相信你我心中都有答案。是坚持让史泰龙赢得了最后的成功，这种不到最后关头绝不言放弃的毅力令人折服。

你要永远相信：成功，往往就在"再坚持一下"的努力之中。每个人都有获得成功的机会，只是有些人付出的努力更多罢了。接受挫折，并懂得感谢挫折的人，无论身处何种境地都不会畏惧困难，不会轻言放弃，如此就没有渡不过去的难关。

如果你现在还没有有所成就，不妨时刻问一下自己："我坚持了吗？"当遇到困难、遭受挫折的时候，当汗流浃背、精疲力竭的时候，不要轻言放弃、怨天尤人，而应该提醒自己要坚持、坚持、再坚持。

意志，总是在残酷和无情中坚持。

思想，总是在徘徊和坚持中成熟。

生命，总是在坚持和不懈中茁壮。

坚持，是一把凝聚了一个人全部智慧和力量的利剑。拥有了这把利剑，你也就拥有了挑战和征服命运的勇气，拥有了一个乐观安适的心态，也就能将自己的聪明才智发挥到淋漓尽致，也就有机会使生命走向卓越和伟大。

幸与不幸，是你自己主动实现的

树的方向，由风决定；人的方向，由自己决定。

面对逆境，是痛苦地坐以待毙，还是想方设法自救？

是自怨自艾，还是自强不息？你选择怎样的态度，就会获得怎样的结局。

在漫漫的人生旅途中，谁都难免陷入各种危机中。其中，有不少人因失意而抱怨，因无奈而退缩，郁郁寡欢；但也有不少人在逆境中不放弃，化危为机，自谋生路，见证了"祸兮，福之所倚"的人生哲理。

由于近期经营不景气，公司要裁员了，胡梦和许茗两个人都上了解雇名单，被通知一个月之后离职。两个人都在公司待了十多年了，之所以被裁，一是两人学历比较低；二是两人年纪较大了，有心而力不足。

得知要被裁之后，胡梦逢人就大吐冤情："我在公司待了这么多年，没有功劳也有苦劳，凭什么解雇我呢？"她仿佛自己被人陷害了似的，对谁都没有好脸色，还把怒气发泄在工作上，敷衍了事。具有相同遭遇的许茗也很难过，但她的态度和胡梦截然不同。在工作上，许茗的想法是："被裁证明自己平时工作做得不够好，如果加把劲，或许还有商量的余地。"于是她更加认真负责地工作。

结果一个月不到时，胡梦因工作表现糟糕而提前离职，许茗却被经理留了下来，还被提拔为了经理助理。经理说："即将被裁了，许茗都能够认真负责地对待工作，这样的员工正是公司需要的，我怎么舍得她离开呢？"

面对同样被裁的命运，胡梦深感失望，逢人就大吐冤情，提早放弃希望，对工作敷衍了事，结果提前被公司开除了；许茗并没有纠结于此，她无惧逆境，奋起追击、努力工作，从而化险为夷、化危为机。

看完这个故事，请不要怀疑，这样的事情并非不可能。幸与不幸，其实一切都在于你的态度。当遭遇逆境时，如果你不是站在原地自怨自艾、自甘沉沦，而是努力地寻找解决方法，很快就会发现那些一直困扰自己的问题都不是问题。不同的人有不同的解决方法，这正是智者与普通人之间的重要区别。

关于这一点，著名的美国电影《肖申克的救赎》中的安迪就做了印证。

故事发生在 1947 年，很有前途的青年银行家安迪因妻子被杀，被误判无期徒刑，关进了美国肖申克监狱。安迪知道自己是无罪的，他寻找线索、时机，准备洗刷自己的清白。但当获知妻子被杀的真相以及政府腐败、官匪同流合污时，他知道自己根本不可能通过正常的法律程序洗清冤名，只能越狱。

肖申克守备森严，犯人们想要逃跑出去，恐怕只能是一个美好的、理想化的空谈。面对这种逆境，安迪没有精神崩溃、焦虑不安，而是认为"每个人都是自己的上帝。如果你自己都放弃自己了，糊涂地坐以待毙，还有谁会救你……希望与信念是不可战胜的，可以令你感受自由。强者自救，圣者渡人"。

为了争取自由和梦想，安迪努力控制和调适自己的情绪，他高度地机警、睿智地思考、巧妙地回旋，寻找契机。他用了一把刻石的小板斧，20 年持之以恒地挖掘通道，终于逃出了监狱，追求到了自由和希望。蓝天白云下，安迪在另一个国度，以另一个崭新的名字、身份，开始了他向往已久的新生活。

在身陷绝境的情况下，那些囚犯早就放弃了希望，甚至认为"希望只会让人痛苦"，但是安迪并没有失去希望，更没有一蹶不振，而是心中一直坚持对自由的希望。他冷静地寻找着"出口"，一毫米、一厘米地靠着一把小板斧挖掘越狱通道，坚持不懈地挖了整整 20 年，最终越狱成功，摆脱困境。

逆境中不放弃希望，这恰恰是最难的，很少有人能够在明知道没有希望的情况下还寻找希望，我们常常能听到这样一句话——"人啊！最好不要和命运抗争！"但是，当安迪在逆境中战胜命运的时候，我们深刻地感受到了抗争的力量，也不得不钦佩于他的勇气和胆识。

逆境在某种程度上等同于危机，"危机"是由"危"和"机"两个字构成的，而其中的"机"有机会的意思，也就是说逆境并非是100%的危险，里面蕴藏着步步活棋，有无限的契机在其中。身在逆境之中，如果我们不甘沉沦，没有退缩，主动采取积极的行动，从"危"到"机"的转变并非难事。

可见，身陷逆境并不可怕，可怕的是对逆境心存畏惧、怨天尤人、坐以待毙。事实上，那些真正的成功者，在面对逆境时总能冷静面对、认真思考，用心捕捉危机中的转机，从而化险为夷，实现了新飞跃。

卡洛斯是美国加州一位善良勤劳的农民，他看上了一片农场，但当他买下那片农场后才发现自己上当受骗了，因为那块地既不能够种植，也不能够养殖，在那片土地上能够生长的只有响尾蛇。

卡洛斯很难过，但是他认为事情已经这样了，愁苦也没有用，不如想办法把那些"坏东西"变成一种资产。很快，他发现了一条好的出路，所有的人都认为他的想法不可思议，因为他要把响尾蛇做成罐头。

现在，卡洛斯的生意做得非常大，不单罐头卖得好，他还把从响尾蛇身上取出来的蛇毒运送到各大药厂去做蛇毒的血清；把响尾蛇皮以很高的价钱卖出去，做女士们喜欢的皮鞋和皮包……后来，每年去卡洛斯响尾蛇农场参观的游客差不多就有上万人，这个村子现在已改名为加州响尾蛇村，成为了旅游景区。

买下一块不能够种植也不能够养殖的农场，这对任何一个人来说都是一件糟糕的、无可救药的事情，但值得庆幸的是，卡洛斯足够从容淡定、豁达乐观，这种积极的心态带来了积极的行为，结果使糟糕的事情变成了受益无穷的资产，他成功地走出了逆境。

所以，不管什么时候，在什么场合，发生了怎样难以解决的事情，我们都不要自怨自艾，任由事态肆意发展，而是要主动采取积极的行动，如此，相信你定能走出枯竭之境，成就全新的辉煌。

勇敢不是不害怕，而是在恐惧中还能坚持

风险不只是危险和苦难，更是机会和希望。勇于面对风险之事、敢于尝试接触新事物，不退缩、不放弃，这样才会有更大的成功。

看到别人工作出色，备受重视和重用，你是不是会忌妒？曾经的同事成为了自己的上司，对自己公事公办，你是不是感到心理不平衡？看到别人功成名就，而自己还一事无成，你是不是感到自卑？

事实上，你不该忌妒，不该心理不平衡，也不该自卑，而该好好地问问自己，遇到难以克服的困难时，你为了维护自身安全和既得利益，是不是不敢去做哪怕是一点点的尝试，畏首畏尾、止步不前，甚至选择了逃避？

王斌和牛彭大学毕业后，同时任职于一家印刷公司，担任技术专员。刚开始两人的工作表现没有太大的差别，可是半年后，王斌晋升为主任，牛彭却被老板辞退了。这要源自一件事情：公司从德国进口了一套先进的排版设备，老板嘱咐王斌和牛彭好好地研究一下，争取一个星期内投入使用。

王斌一看说明书都是德文的，连忙推诿说："我对德语一窍不通，看不懂说明书，我不会用。"牛彭自然也知道这是块"烫手山芋"，但他还是接了下来，并夜

以继日地忙碌起来。不懂德文，他就请教老师与朋友或者在网上在线翻译；新设备中有不明白的地方，他就通过电子邮件向德国的技术专家请教。几天下来，他已经熟练掌握了新设备的使用方法。在他的指导下，同事们也都很快学会了操作。

知道牛彭不会让自己失望，老板总是把重要的、难度大的工作交给牛彭完成，而把一些无关紧要的工作交给王斌。牛彭做得多、学得多，成为公司离不开的人；而王斌做得少、学得少，自然成了多余的人，被开除在所难免。

在大多数人看来，一个星期内掌握运用一个德文的新款设备是个不大可能完成的任务，难度很高，风险很大，所以王斌不敢接受挑战，不冒风险，求稳怕乱，结果葬送了自己原本无穷的潜能，惨遭公司开除；而牛彭却积极应对挑战，主动做解决问题的高手，最终胜任了工作，成为企业青睐的人。

每个人都盼望着机遇的到来，但某些机遇在出现时宛如台风海啸、巨石挡道、大山阻川，好像无法把握，其实这正是考验勇气的时候。拿出勇气，仔细观察，你就会发现其实成功的大门并没有完全关死，只要有胆量去试一下就能轻易将其打开，而且风险和机遇成正比，高风险意味着高回报。

那些在自己所在的领域成为领袖的人物，他们之所以具有与众不同的魅力，之所以能够成为顶尖人物，并不在于他们掌握了多么广博的理论，也不仅在于他们的能力有多么出众，而是由于他们魄力十足，勇于面对风险之事，敢于尝试接触新事物，不甘沉沦，永不退缩，这样才有了更大的舞台，才有了更大的成功。

1976年，美国阿德尔化学公司推出了一种通用型的家用清洗剂——莱斯特尔。产品一问世，总裁巴尔克斯就采用了报纸、广播为其大做广告，但令人失望的是，莱斯特尔的市场营销很失败，阿德尔化学公司50万美元的营业额在整个市场中只占了一个微小的份额，这令巴尔克斯很是头疼。

经过一番思索，巴尔克斯又想到了电视广告，他决定选择晚上六点以前、十点以后的"垃圾时间"。当时，阿德尔化学公司的其他人一致表示了反对，建议巴尔克斯选择黄金时间做广告，因为电视宣传主要是由黄金时间的广告节目构成的，只有肯花巨资购买黄金时间做广告，才能取得良好的宣传效果。

不过，巴尔克斯是这样认为的：黄金时段广告众多，很难给观众留下深刻的印象。如果连续几个月都在晚间节目里播出莱斯特尔的广告，既能够节省一部分财力，而且又不会与其他广告节目冲突，这会给观众们留下深刻的印象。于是，他毅然与电视台签订了合同，每周利用30次"垃圾时间"高密度地做莱斯托尔的广告。

出人意料的是，广告连续播出两个月后，莱斯特尔在霍利约克市场上的销量大幅度上升。四年的时间里，巴尔克斯在"垃圾时间"所做的广告宣传总量遥遥领先于诸如可口可乐等多年雄居广告榜首的大公司，被美国广告界称为"不可思议的电视年"，莱斯特尔家用洗涤剂的销售额高达2200万美元。

成功并不是伴随着和风细雨而来的，更多的时候是"山雨欲来风满楼"，在这种时候，如果我们能够相信自己，战胜懦弱、恐惧，就会成就许多事情。对于此，美国传奇式人物、拳击教练达马托曾经一语道破："英雄和懦夫都会有恐惧，但英雄和懦夫对恐惧的反应却大相径庭。"

的确，聪明之人懂得风险不只是危险和苦难，更是机会和希望。只有鼓起勇气面对风险，风险才有可能被解决，并且反过来为己所用，转变成自己的资本。不冒点儿风险，哪来成功的机会呢？试想，哥伦布如果不航海探险，能发现美洲新大陆吗？达尔文若不亲身探险、搜集资料，能完成巨著《进化论》吗？

机遇对任何人都是公平公正的，关键要看你是否是一个有魄力的人。

回想一下，你在工作或者生活中是否出现过这种心理："我的方案已经做得很完美了，是客户太挑剔了，我也没办法"、"那些问题的确很难解决，我已经尽力了，做不好也不算什么"……这些理由看起来似乎合情合理，但背后却隐藏了我们面对困难时的妥协和面对挑战时的逃避。

面对各种各样的困难，要勇敢面对，摆脱畏惧的心理。现在改变，还为时不晚。

我想告诉你，信念可以穿越风雨

纵有再多的艰难险阻，纵使自身力量薄弱，只要敢于冲破重重障碍，

就没有穿不过的风雨、涉不过的险途。

　　人生的道路是很漫长的，总会有风云四起之时，总会出现出乎意料之事，这时候，如果我们不能坚守内心的信念，就容易东一榔头西一棒槌，就只能在人生的旅途上徘徊，永远到不了任何地方。正如俄国文学家列宾所说："没有原则的人是无用的人，没有信念的人是空虚的废物。"

　　坚守信念，可能是每个人都知道的道理，但知易行难，真正做得到的人并不多。这是因为，信念有时徘徊于坚持与动摇之中，彷徨于前进与退缩之中，有时甚至会出现坚持比放弃还难的无奈。

　　在茫茫无垠的沙漠中，甲乙两个旅行者结伴穿越沙漠，他们没有水了，甲开始觉得四肢乏力，几乎都走不动了。乙递给甲一支手枪，说："你每隔两小时鸣放一枪，我找到水后，枪声会指引我与你会合。"说完，便步履蹒跚地找水去了。

　　茫茫的沙漠里空无一人，甲只能听到自己的心跳声。这样的安静实在是可怕，他不禁开始胡思乱想起来："乙能找到水吗？他会不会走到半路就倒下了？他什么时候能回来？就算他能回来，我能坚持到那时候吗……"甲这样想着的时候，感到绝望极了，甚至忘记了乙临走前嘱咐的话。

　　夜幕降临的时候，乙还没有回来，甲彻底地绝望了，他再也无法忍受内心对

求生的煎熬、对死亡的恐惧，于是用手枪了结了自己的性命。枪响后不久，乙就提着满壶的清水踉跄着赶了过来。

故事中的甲是被沙漠的恶劣气候所吞没的吗，是被同伴置之不顾了吗？不是！他是被自己打败的。他胸怀不够豁达，因困境迷失了生存的信念，认为坚持下去仍然看不到希望，甘心放弃了求生的欲望，从而导致了一出悲剧的上演。

还有一则故事，叫作《满满一壶沙》，同样是沙漠缺水的困境，讲的则是以信念求生存。

在茫茫无际的沙漠中，一支探险队在艰难地跋涉，他们迷路了，而且没有饮用水了。这意味着什么，大家心里都很清楚。没过多长时间，队员们开始觉得四肢乏力，几乎都走不动了，感到死神正在向他们招手。

这时候，队长从腰间取出一个水壶，两手举起来，惊喜地喊道："我这里还有一壶水，我们还有希望在喝完这壶水之前走出沙漠。但我们就这一壶水了，没有走出沙漠，谁也不能喝这壶水。"沉甸甸的水壶从队员们的手中依次传递，原来那些濒临绝望的脸上又显露出坚定的神色，他们决心一定要走出沙漠。

终于，队员们凭着那壶水带给他们的信念，一步步摆脱了死亡的威胁，顽强地穿越了茫茫沙漠。大家在喜极而泣之时，久久凝视着那个给了他们信念支撑的水壶。拧开壶盖，流出的却是满满一壶沙……

在迷路、缺水的情况下，这支探险队却能坚强地走出茫茫大漠，创造出一般人难以创造的生命奇迹，正是因为他们相信这壶"水"让自己有活下去的可能，这就是信念给予他们的力量，让人惊叹的力量。

人的一生又何尝不是如此？在生命的旅途中，我们常常会遭遇各种坎坷和失意，就像行走在迷茫无际的荒漠中。这时候，只要心中铭记自己的目标，并且坚持不懈地去实践它，就一定会看到希望，迎来曙光。

事实上，即使有再多的艰难险阻，即使自身力量再薄弱，意志坚定之人也不会改变伟大的志向，不会放弃对信念的坚持。他们敢于冲破重重障碍，努力实践心中的梦想，如此就没有穿不过的风雨、涉不过的险途。

看了1990年地球日的展览后，美国12岁的小姑娘劳拉·贝丝·摩尔意识到在她居住的城市休斯敦没有任何的垃圾回收系统，她决定要改变这种现状。她想垃圾不回收，就是在破坏着美丽的家园。她给市政厅打电话询问能否为本市提供垃圾回收系统，但是接电话的人认为劳拉还是个未成年的孩子，根本没把她的想法放在心上。她写信给市长，但寄出去的信却如同石沉大海。后来她准备了一封有数百人签名的请愿书寄给了市政厅。"市长不在乎我的想法，"劳拉回忆说，"他把我看成是个孩子。"

劳拉坚信回收垃圾是一件正确的事情，她认为："做任何事都不会那么容易，你必须努力争取。我的想法即使得不到任何人的支持，我的尝试即便一直在碰壁，我都相信我能改变这一切。"因为具备这种坚定不移的信念，劳拉没有气馁，而是选择坚持，她开始给一些大的回收公司打电话，希望他们能给予她帮助或建议，但这些公司也没有把这个12岁的孩子当回事。面对每一次拒绝，劳拉告诉自己："那只是前进途中的一步，打一次电话，少一个支持的人，但我要做的就是一直坚持下去，直到找到愿意帮助我的人。"

暑假里，当同学们去看电影或是约会时，劳拉都在找有关垃圾回收的信息和可以提供支持的公司和机构；当其他的女孩在商业街闲逛时，劳拉正在游说她的邻居们以寻求支持。后来，一家组织同意了劳拉的计划并向她提供支持，但还有一个麻烦，就是需要一个能让邻居放置垃圾的地方。劳拉认为当地的学校是一个非常理想的场所。开始校长不愿意接她的电话，劳拉坚持给他打电话。几个月内，她打了无数次的电话，直到一些家长开始和她站在一起，最终使校长同意合作了。

1991年的春天，劳拉的垃圾回收系统正式运行了，当天就有数百名居民将可回收的垃圾交到了回收站。两年后，回收垃圾系统已经非常成功，成吨的垃圾原料再加工成为有用的产品。休斯敦的新市长看到了这种系统的实用性和有效性，他决定要将这种系统推广到本市的其他地区。当市长要求一些官员写出一份计划时，他们知道该去找谁来做这件事了，这次是市政厅给劳拉打了电话。

劳拉·贝丝·摩尔小小的年纪，做事却如此坚定，有着不可动摇的毅力。单就这一点而言，不管她能不能成功，她的精神也是令人佩服的。然而，她最终还是成功了，这就是信念的力量。

影响我们人生的绝不是对什么感兴趣，而是持有什么样的信念。信念，是蕴藏在心中的一团永不熄灭的火焰。树立并坚定了信念，不仅不会让风沙蒙上我们的双眼、俘虏我们的心灵，而且还会给我们以无穷无尽的力量、克难奋进的决心和持久的行动力，直至将成功收入囊中。

信之愈深，念之愈远。漫天风沙中缓慢前行的骆驼、狂风巨浪中摇摆起伏的渔船，它们是那么的微小、那么的飘摇，而又是那么的坚韧。它们以无可争议的行动在沙漠中、在大海上树起了强者的旗帜。

那些不可能的事，最终都成了奇迹

世界上本没有什么依仗魔力便获得成功的人，没有天生的杰出和伟大。那些了不起的伟大，都要归功于面对挫折的勇气。

回顾一下，你是否曾说过类似下面的话：

"我学历太低了，怎么可能有高收入呢？"

"我能力有限，不可能胜任那份工作的！"

"我期盼成功，但成功多难啊，我绝不可能成功！"

……

在生活中遇到各种障碍时，"绝不可能"似乎成了我们的"合理"解释。但是，事情难道真如我们所料的是"不可能"的吗？未必，其实，很多所谓的"不可能"源自我们被眼前的困境蒙蔽了，从而失去了斗志。

1952年7月4日清晨，美国妇女费罗伦丝·查德威克从卡塔弗纳岛涉水下到太平洋中，开始向加州海岸游过去。要是今天成功了，她就是横渡这个海峡的第一个妇女。在此之前，她是从英法两边海岸游过英吉利海峡的第一个妇女。

那天早晨，加利福尼亚海岸笼罩在浓雾中，海水冰凉刺骨，费罗伦丝被冻得全身发麻。千万人在电视上观看，她在汪洋大海中不停地向前游着，有几次鲨鱼靠近了她，被工作人员开枪吓跑了。

时间一个钟头一个钟头过去了，费罗伦丝除了浓雾，什么也看不见。她感觉自己累极了，不可能顺利游过海峡，便向护送船只求救。她的母亲和教练在另一条船上，他们都告诉她离海岸很近了，叫她不要放弃，但她说自己不能再游了。

十分钟之后——从出发算起15个钟头零55分钟之后，人们把费罗伦丝拉上船。可实际上，她被拉上来的地点离加州海岸只有半英里。费罗伦丝不无遗憾地说："说实话，如果当时我看见陆地，我一定可以游完。"

通过这个故事，我们应该明白了一个哲理：妨碍费罗伦丝·查德威克成功的不是海上的大雾，而是她被眼前的大雾挡住了视线、迷惑了心灵，从而错误地认为自己"不可能"游过海峡，结果就真的放弃了。

事实的确如此，在遇到困难的时候，如果一个人潜意识中总认为自己不行，那么他的内心必然会被消极的暗示所占据，即便具备潜力，也会因为不自信而无法引爆潜能。有的人本来聪颖杰出，但却始终找不到自己发展的道路，渐渐滑入平庸与无为的轨道，这或许就是走入了"把可能变为不可能"的怪圈吧。

与之相反，有的人本来资质平平、默默无闻，但是经过几年的时间，居然成为自己行业里叱咤风云的人物。很多时候，这正是由一次次"把不可能变为可能"造就的，因为所谓的"不可能"大多是人们的一种想象，只要我们积极主动地努力，就会做到"可能"。这种自信、这种不言败的决心，就是一种坦然面对挫折的豪情。

他是一名澳大利亚残疾人，出生时只有可乐罐那么大，而且天生严重残疾，脊椎下部没有发育。医生断言他不可能活过24小时，建议他父亲准备后事，但是他却坚强地活了一周、一个月、一年、十年……17岁时，他不得已地做了腿部的切除手术，成了靠双手行走的"半"个人。

他的人生是充满痛苦和耻辱的，上学时，周围不少小孩骂他是"怪物"，更有一些同学恶作剧地在他的课桌周围撒满图钉。有一次，他甚至被一群同班学生绑起来扔进点燃了的垃圾桶差点儿送命。中学毕业后，他决定给自己找份工作，但是看到趴在滑板上的"半个人"时，那些店主都拒绝了他。

这样的人生算是相当坎坷的了，似乎他的生命已经注定是场悲剧。然而，他却勇敢而快乐地生活着，不仅能够自食其力，而且取得了一系列让正常人惊叹的成就：1994年，夺得澳大利亚残疾网球冠军；2000年，拿到澳大利亚体育机构的奖学金，并在全国健康举重比赛中排名第二；2000年，获得板球、橄榄球二级教练证书、考取了驾照。后来，他先后到过190个国家进行演讲。

他的名字叫约翰·库缇斯，他是享誉世界的残疾人激励大师。

库缇斯天生严重残疾，但他挑战死亡；他从小受尽歧视和折磨，依然笑对人生；他只能依靠双手行走，却成为运动健将。为什么他能够将诸多的"绝不可能"变为"绝对可能"？对此，库缇斯解释道："这个世界充满了伤痛和苦难。有人在烦恼，有人在哭泣。面对命运，任何苦难都必须勇敢地面对，如果赢了，就赢了；如果输了，就输了。一切皆有可能，所以永远不要对自己说'不可能'。"

因为不对自己说"不可能"，约翰·库缇斯多了一份"我能够成功"的信念。面对生活赋予他的一切，甜也好，苦也好，悲也好，喜也好，痛也好，乐也好，他都有勇气去承受，不畏惧困难，敢于尝试，敢于向不可能挑战，最终成就了自己，赢得了世人的尊重。

事实上，世界上本没有什么依仗魔力便获得成功的人，谁也不是天生就是伟大杰出的人物。开始时，其实人们是在同一条起跑线上的，只是那些成功的人总是在"不可能"面前无惧坎坷，深知感谢经受过的坎坷，并主动展现自己的能力，最终将"绝不可能"变成了"绝对可能"，成为了生活真正的强者。

爱默生说："相信自己'能'，便攻无不克。"正是这种困难面前毫不退缩的信心和勇气，使他攻克了诸多知识难题，终成"美国文明之父"。拿破仑说："在我的字典里没有'不可能'这个词。"正是这藐视一切磨难的话激励他南征北战，横扫欧洲大陆，成就了伟业。

世界上没有一件事是"可能"的，也没有一件事是"不可能"的，事情一开始，谁都不知道结果怎样。敢于尝试，敢于向不可能挑战，这是一种振奋人心的力量，一种人类战胜自我的绝佳的精神体现。

因此，朋友们，请培养出一份坦然面对挫折的勇气来吧！从心智中把"绝不可能"这个观念铲除掉，谈话中不提及它，在想法中排除它，态度中去掉它，而用光明灿烂的"可能"来代替它。这种方法是真正有效地唤起你心中大决心的方法，渐渐地，你会发现，"绝不可能"少了，"绝对可能"多了。

生命会因暂时的"低就"，而变得坦然豁达

只有在人生的坑洼中坦然世事、不甘沉沦，未来的路才能走得更加宽阔；只有在低谷中积极进取，有朝一日才能昂首阔步。

　　马楚是某名牌大学新闻系的高才生，他思维敏捷、才华出众，又很自信，毕业后顺利被分配到了一家省级报社工作。马楚一直想当一名针砭时弊、实事求是的记者，可一开始，领导只分配他做校对文稿的工作。

　　校对文稿是一项最基本的工作，整天需要待在办公室，又非常需要认真和耐心，这让一心想干一番大事业的马楚感到非常不爽。他终日提不起精神，对工作毫不认真，敷衍了事，结果经他校对的文稿错误百出。

　　领导原本很认可马楚的才学，之所以让他先做校对文稿的工作，是有意锻炼他的耐心与毅力。现在，他见马楚连文稿都校对不好很是失望，心想连最简单的工作都做不好，还能干什么重要的工作呢？于是就将其辞退了。

　　大多有点儿本事的人都渴望得到重视和重用，甚至一步登天、青云直上，但事实上那是一种罕有的运气。这时，不少人会觉得自己被轻视或蔑视了，不能坦然自若地面对，开始感叹命运坎坷、大材小用，于是便不思进取，沉沦、懦弱，甚至畏缩，结果即使真是个杰出的人才也难得到大的发展舞台。

　　正所谓"积弱图强，守弱保刚"；没有一条路平整到毫无坑洼，但我们却不能因为坑洼而拒绝前行；没有一片土地平坦到没有低谷，但我们也不能因为低谷而放

弃大河山川，否则迟早会栽跟头的，更是难以"高就"。

事实上，在"高不成"的情况下，我们需要学会"低就"，踏踏实实地从低处做起。古语云"千里之行，始于足下"，第一步或许渺小，或许会遭到众人的嘲笑，但若好高骛远，仅想高成，妄想一步抵达目标而不放平心态、不迈出那不起眼的第一步的话，又何来千里之程呢？

"低就"不是不思进取和沉沦，更非懦弱和畏缩，而是在客观上给自己创造一种机遇，在"低就"中积蓄力量、调整心态、磨炼意志、锻炼能力，如此我们才会有不一样的改变。"趁雷欲上九霄，蓄势而待发"，低就是为了更好地高成。

生活中，那些取得较大成就和成功的人，并不是因为一开始他们便居于高位，也不是他们有一步登天的本领，而是他们懂得接纳人生的不完美，懂得感谢自己所经历的坎坷，在挫折面前，不沉沦、不退缩。如此，他们便会天天有进步，月月有提升，年年有改变，"高成"便指日可待了。

李嘉诚从小就失去了父亲，家庭的重担早早地压在了他的身上。为了养家糊口，李嘉诚被迫停学，为了担起照顾母亲、抚养弟妹的重担，他开始在茫茫的人海中挣扎奋斗。

起初李嘉诚在舅父的钟表公司里当学徒，后来又做起了推销员。在生活的磨砺下，李嘉诚的心灵逐渐地成熟起来。开始时，李嘉诚没有知识，更没有钱，为了挣钱他只得从做工厂推销员做起；他是一个工作狂，每天都超时工作。为了学习文化知识，在忙碌了一天后，李嘉诚晚上还要到夜校进修英语，每天的时间都安排得满满的，没有一点儿富余。

功夫不负有心人，在李嘉诚20岁那年，他跃升为工厂业务经理。可是要强的李嘉诚并不满足于取得的成就。几年后，他积蓄了一笔钱，便时刻不忘有朝一日自己单独地闯一闯天下的豪言壮语。

李嘉诚筹集了五万元，自己创办了一家专门生产玩具以及家庭用品的小塑料厂，后来以生产塑料花打开了市场，被誉为"塑胶花大王"。20 世纪 60 年代他转向投资房地产业，凭借他出色的经营才华不断发展壮大，成为香港最大的地产发展商和物业拥有者。他所经营的房地产、金融、酒店、石油、电力等产业遍及世界五大洲。

没有人生下来就是成功的，李嘉诚之所以取得了成功，在于他可以最大程度地"低就"，踏踏实实地从基层干起。先获得一个锻炼自己的工作平台，既可以从中获得经验与资历，又可以借此展现自己的能力和才华，新的机会自然会向他走来。

没有一个士兵一入伍便是将军，没有一座高楼无地基而屹立百年。就像没有人能预测丑小鸭会变成白天鹅一样，同样没有人能想到当年打扫办公室的清洁工、织布的纺织工人安德鲁·卡内基会成为美国的钢铁大王。想来若无安德鲁·卡内基的"低就"，何来顽强的意志，又何以征服钢铁世界呢。

通往成功的道路向来都是呈螺旋式或阶梯式前进的，有高潮的时候也有低落的时候，这就像空中飞翔的海鸥一样。海鸥飞翔的时候，不是像大部分鸟儿一样直飞向天，而是需要经过很长一段时间缓慢的、低低的滑翔才慢慢地张开翅膀，然后一下子飞向天际，穿云破雾，上下盘旋……

人生之路充满坎坷，从来没有一蹴而就的成功。保持一份坦然自若的气度，在"高不成"时暂且"低就"，重视自己所做的每一件事，坚持不懈地努力，这是一种坦然世事的豁达，而且总有一天你会完成"高成"的完美蜕变。

你必须相信，你的眼光决定
你未来的方向

　　困境不是绝境，而是一种逆流而上的力量。面对危机，不慌不忙，不急不促，在冷静中蓄积力量，总会绝处逢生，突破困顿。请原谅自己的处境不够好，因为这是你逆流而上的力量。

你必须相信，你的眼光决定你未来的方向

培养一份誓当将军的风范，有眼光，加上有胆量，就一定能闯出一片新天地。

你是否听说过这样一个故事：

在一个建筑工地上有三个泥瓦工，有人问道："你们在做什么？"

第一个工人头也不抬，深叹一口气，回答说："砌砖。"

第二个工人抬了抬头，耸耸肩说："唉，我正在赚钱。"

第三个工人抬头望着远方，满怀憧憬地说："我正在建造世界上最美的殿堂。"

十年后，前两人依然是普普通通的砌砖工人，而第三个工人已然是当地赫赫有名的建筑师。这是为何呢？因为，第一个工人心中只有砖，第二个工人心里只有钱，而第三个工人心中装有的是一座殿堂。

通过这个故事，我们可以了解到，人生的未来就像一座大厦的落成，最终的高度取决于我们最初的眼光。什么是眼光？眼光就是辨别是非好坏的能力、寻找个人发展的方向、寻觅经营的落脚点。一旦看偏，航道上就处处明滩暗礁，步履维艰；一旦看准，航船就乘风破浪，勇往直前。

做大事不能没有眼光，有眼光，加上有胆量，就能闯出一片新天地。因为具有"眼光"的人就好像借助于望远镜，肯定比他人看得远、看得清，无论人生有几多迷茫，他们都能够摒除外界的干扰，冷静而理智地思考，找准自己的人生舞台，而不至于在迷失自我设置的泥沼中团团旋转。

拿破仑·波拿巴是法兰西第一帝国缔造者，是众多人心目中的英雄楷模，他说过一句经典的话："不想当将军的士兵不是好士兵。"这句话激励了他奋发向上，并最终取得成功，也使我们领略了英雄的风范。

1769 年，拿破仑出生于地中海的小岛科西嘉，他的家族是一个意大利贵族世家，但是在科西嘉岛被卖给法兰西王国后，拿破仑的父母被视为当时的"科独"（科西嘉独立）激进分子，日子过得相当清贫。年少的拿破仑对父母说："我们不要在这块小地方上为生活忙碌了，现在的拿破仑不再是科西嘉的拿破仑了，而是世界的拿破仑了。"

拿破仑九岁时，在父亲的安排下到法国布里埃纳军校接受教育，这是一所贵族学校。在那里，与拿破仑往来的都是一些夸耀自己富有而讥笑他穷苦的同学："你以为在贵族学校上学你就能成为贵族了吗？不可能！"这种讥讽深深地刺伤了拿破仑，他既愤怒又无奈。同学的每一次嘲笑和欺辱都让他增强了决心："我一定要比这些愚蠢的人强，做一个军官让他们看看！"

大多数的同学都在利用多余的时间追求女人和赌博，而拿破仑却把所有的时间都用来读书，设法与他们竞争。图书馆里可以借书，这对于拿破仑而言非常有益，他可以免费充实自己，为理想中的将来做准备。那时候，拿破仑住在一个破旧的房间里，他孤寂、沉闷，却一刻也没有忘记读书，他还把自己想象成一个总司令，将科西嘉地图画出来，地图上清楚地指出哪些地方应当布置防范，这是用数学方法精确地计算出来的。长官发现拿破仑的学问很好，便派他在操练场上执行一些任务。而他每一次都能够完成得很好，于是又获得了新的机会。就这样，拿破仑慢慢地走上了成功的道路。

忍受了整整五年的痛苦，1784 年，拿破仑以优异的成绩毕业后，被选送到巴黎军官学校，专攻炮兵学。此后，他真的成为了一名军官，并且创造了一系列的奇迹：指挥的五十多场战役，只有三场战败，连续五次挫败反法联军，歼灭敌军千万之军。在不到十年的时间里，他征服了大半个欧洲，当然也包括小小的科西嘉……

你看，因为拿破仑的远见与宽广的胸襟，从而催生了一个强大的法兰西帝国。如果当初没有"我要做军官，要比别人强"这样强大的信念做支撑，拿破仑或许就在同学们的嘲笑、贬低声中迷失自己了，更无法取得后来的丰功伟绩，恐怕历史也就要被改写了。

"不想当将军的士兵不是好士兵。"大千世界，浩浩尘寰，多少人庸庸碌碌一事无成，多少人一生平平庸庸，又有多少功成名就、矢志不渝之士，追其缘由无外乎是眼光的长度和胆量的大小，是想当将军、士兵，还是逃兵。

李先生和王先生同在一家企业做事，他们都有很高的学术成就，有出色的工作能力，而且工作认真勤奋，但是待遇却大为不同。李先生屡次被老板提拔，王先生却一直在原地踏步，这使王先生大为不解。

一天，李先生和王先生一起驱车到外地出差。王先生发动了汽车，天空中有雾霾，路上的车子很多，走得有些慢。过了十几分钟，雾越来越大，路况都看不太清楚了。李先生倒不着急，一边由着王先生慢慢地如蜗牛似的在车流中行驶，一边和他说着话。

"在这样的大雾天气开车，你怎么样才能行驶得更安全？"李先生问道。

王先生说："只要跟着前面车子的尾灯，就没什么事。"

李先生沉默了一会儿，突然问："如果你是头车，你该跟着谁的尾灯呢？"

王先生听了，心中一阵震动，是呀，如果自己是头车，又有谁会给自己引路？李先生的言外之意，他一下就领悟了：你应该用自己的慧眼看清前面的路该怎么走，用自己的头脑来分析利弊，选择前进的方向。

从此以后，王先生工作得更加出色了。过多久，他就发现了一个新的、别人没有开拓的创业领域，通过自己的奋斗和敏锐的商业头脑，很快就成功了，他的成功秘诀只有短短的一句话："做别人的尾灯。"

做事没有好的眼光、没有足够的胆量，只会跟在别人后面，将画地为牢、裹足不前，是永远不会领头的。有时可能会走到路的终点，但是当你重新再走一遍的时候，也许自己会迷路，因此无论在何时都要用一双慧眼选择自己的方向，认清前行的方向，才能正确找到自己的目的地。

你想追求更有价值的人生吗？那么，你就得培养一份誓当将军的风范，拥有自由思维的头脑和做别人尾灯的意志。着眼于当前，更要把眼光放得长远一些，对事业的发展有前瞻性，依靠自己的思考选择自己的方向。

当我们遇到困境，变通一下就好

当身处困厄的境地时，我们要敢于并善于改变自己。而这最需要的就是培养一份大气磅礴的胸怀，拥有一个开放的大脑。

当今社会，挑战无处不在。在严峻的挑战面前，随时保持对周围世界的敏感性，放宽自己的视野、拥有一个开放的头脑，是很有必要的。所谓开放的头脑，即做事有大气魄、不墨守成规、不固执己见。如果一味地墨守成规、固执己见，因害怕变化而否认或者拒绝变化，只会使事情变得更加糟糕，以至于迷失在痛苦的泥沼中团团旋转，甚至会处于黔驴技穷的局面，如此便是危急存亡之秋。

对此，《易经》有句名言："穷则变，变则通，通则久。"意为事物发展到极点就会变化，变化就会通达，通达就会持久，说的正是当事物处于穷尽局面、身处困厄的境地时则必须学会变通，思维变通后，问题自然就可迎刃而解。这句话强调的正是放宽视野、开放头脑的重要性，"变通"一词由此而来。

回顾历史，我们会发现能够做出巨大业绩的正是那些深明变通之道而不拘泥于祖先之法的人。实施"胡服骑射"的赵武灵王正是这样的人，他是一位值得后人纪念和效仿的杰出改革人物。

战国中后期，列国间战争频繁，兼并之势愈演愈烈，赵国正处在国势衰落时期，经常受到秦国等大国的讨伐，屡吃败仗，大将被擒，城邑被占，就连北方的游牧民族也不断来侵扰。这时赵武灵王即位，他眼光高、胆子大，一直苦苦思索如何才能强大赵国的势力，达到北御匈奴、南防秦国的目的。

想到中原的军队作战一般使用兵车，人们还不习惯于骑马，在善于骑射的游牧民族骑兵面前，车战有着不够灵活机动的明显缺陷，赵武灵王有了一个大胆的推想，他对手下说："我们要不发愤图强，随时会被人家灭了。要发愤图强，就得好好进行一番改革。我觉得咱们穿的服装，长袍大褂，干活打仗都不方便，不如学胡人（泛指北方的少数民族）穿短衣窄袖，脚蹬皮靴，生活起居和狩猎作战都灵活得多。我打算仿照胡人的风俗，把服装改一改，你们看怎么样？"

谁知，赵武灵王的这个想法遭到许多皇亲国戚的反对。其中，赵武灵王的叔叔公子成是赵国很有影响的老臣，头脑十分顽固，他听说赵武灵王要让大家都改穿胡服，总觉得向少数民族学习太丢脸，便以"易古之道，逆人之心"为由，拒绝接受变法，后来见赵武灵王态度坚决，干脆装病不上朝了。

赵武灵王下了决心，非实行改革不可。他知道要推行这个新办法，首先要做通叔叔的思想工作，就亲自上门找公子成，对公子成反复地讲穿胡服、学骑射的好处，并指出"德才皆备的人做事都是根据实际情况而采取对策的，怎样有利于国家的昌盛就怎样去做。只要对富国强兵有利，何必拘泥于古人的旧法"。公子成终于被说服了，大臣们见此也没有话说了，只好跟着改了。

看到条件成熟，赵武灵王就正式下了一道改革服装的命令。没过多久，赵国人不分贫富贵贱，都穿起胡服来了。有的人开始觉得有点儿不习惯，后来觉得穿了胡服，实在方便得多。接着，赵武灵王又号令大家学着胡人的样子骑马射箭，转战疆场。不到一年，赵国就训练出了一支强大的骑兵部队，军事能力大大提高，向北方开辟了上千里的疆域，跃居为当时的"七雄"之一。

在中原王朝把少数民族看作"异类"的政治背景下，在一片反对声浪中，赵武灵王放宽自己的视野、开放自己的头脑，以"敢为天下先"的改革精神和胆识冲破守旧势力的阻挠，坚决实行向胡人学习的国策，挽救赵国于水火之中，这是我国古代军事史上的一次大变革，被历代史学家传为佳话。

不过，当事物处于穷尽局面，或者当身处困厄的境地时进行变革，这绝对不是一件轻而易举的事情，更不是只靠热情就能奏效的，它需要的是审慎紧密的考虑安排，需要得到人们的理解和信任，这样才能够迈出坚定的步伐，义无反顾地向前走。

的确，生活如海上行舟，并不能一帆风顺，每个人不可避免地会陷入这样或那样的迷茫境地。此时，最明智的做法就是开放大脑、着眼现在、放眼未来，敢于并善于改造自己。只要你做到了，你就能将不如意化解为如意，由困境进入顺境，这正如诗人陆游所说的"山重水复疑无路，柳暗花明又一村"。

20世纪80年代的好莱坞，曾有一批极具表演天赋的青春偶像被人们称作"奶油派"的明星，汤姆·克鲁斯便是其中之一。所谓"奶油派"明星，即拥有人见人爱的英俊外表和迷人的微笑，演技却稚气有余、差强人意。1983年，克鲁斯共出演了四部电影，但在票房和评论界均遭到惨败，这些打击让克鲁斯的事业陷入迷茫。

很快，克鲁斯意识到要想获得事业的发展，就要改变自己的"戏路"，而不是成为一个凭容貌取胜、任人摆布的青春偶像。为了改变留给观众性感偶像的印象，克鲁斯开始尝试饰演成人角色，拍摄了《金钱本色》、《雨人》等，这些电影的成功使克鲁斯从青春偶像成功转型为成熟的影坛巨人。

克鲁斯的勇气和演技已经经受了多次考验，但是随着年龄的增长，他的事业陷入了"中年危机"的低谷，票房号召力大不如前。于是，克鲁斯决定向其他方向发展，他成立了自己的影视公司，开始担任影片的制片人一职，了解观众心理和市场信息，挑选合适的剧本，决定导演和主要演员的人选等。

耗资几千余万美元的动作巨片《碟中谍》系列，是克鲁斯由演员向制片人迈出的第一步，他让影迷们再次见证了他的魅力，并向观众展示了他无愧于主角位置的实力，他再一次焕发出神一般的光芒，演艺事业如日中天。

从 20 世纪 80 年代奶油派领军人物到 20 世纪 90 年代的票房保证，再到 21 世纪好莱坞的头牌明星，尽管克鲁斯经历过同代明星的起起落落，但他却一直是这 20 年来好莱坞曝光率最高、影响力最大的演员之一。当然，他凭借的不仅仅是俊朗的外表、认真的作风、坚定的意志，更多的是他拥有开放的头脑，他不断地调整自己的思维，用自身的行动去努力地适应环境，最终实现了"变则通"。

由此可见，处于怎样的环境不重要，重要的是你的选择：是选择软弱地屈服于现在的困境，还是豁达乐观地面对，改变自己固有的心态、思维和行为，使自己适应环境。是困境，还是"通"，这就看你如何把握了。

不能只顾低头狂奔，还要抬头看路

但凡大有成就者皆有一份着眼当前、放眼长久的卓尔不群的眼光，在"低头狂奔"时不会忘记"抬头看路"。

有这样一个笑话。

有个人要到洛杉矶去，他很早就出发了，希望能在天黑之前到达洛杉矶。没过多久，他看见一个开汽车的年轻人，就拦住问路："请问到洛杉矶还有多远的路程？"

"大概 30 分钟吧！"年轻人回答。

"能让我搭个便车吗？"这个人又问。

年轻人同意了，这个人高兴地上了车，不停地催促年轻人开快一点儿。

汽车行驶了大约 30 分钟，这个人四处张望，越发感觉不对劲。公路周围几乎全是乡村的景象，没有一点儿大都市的影子，他疑惑不解地问年轻人："请问，还有多远才能到洛杉矶呀？"

年轻人说："要一个小时到洛杉矶。"

这个人更不理解了："一小时？您刚才不是说半小时吗？"

年轻人回答："没错啊，刚才确实离洛杉矶还有半小时，那时我刚从洛杉矶出来。"

笑话终归是笑话，在娱乐的同时，也说明了一个道理：有些人往往会有这种思想，以为走得快就能成功，却忘记抬头看路，没有看清方向，结果偏离了成功发展的方向，导致了事倍功半的结果，落得费力不讨好的下场。

比如，有的人整日为了销量忙忙碌碌、为了市场四处奔波、为了业绩疲于奔命，却不思考目前做的是否对销量增长有益的事情，开发的产品是否与市场对路，结果销量下滑、市场疲软、业绩无增。

"低头狂奔"，是脚踏实地，苦干；"抬头看路"，是辨别道路、认清方向。在成功的路上，埋头努力十分重要，正确的方向更是必不可少的，甚至方向比努力还重要。只顾"低头狂奔"，而忘记了"抬头看路"，往往容易迷失方向，偏离目标。

在人生道路上，我们一定不要像老黄牛似的一味埋头拼命拉车，而要在"百忙"之中经常抬头看看方向，随时反省和思索最根本的方向性问题，统筹兼顾，只有这样，我们的工作才会尽可能地减少失误，发展的速度才会更快，我们的人生路径才会逐渐被导向一个正确的方向。

关于这一点，美国巴尔鞋业集团董事长罗尼·巴尔的成功故事给了我们很大的启示。"方向对了，就不怕路远！"罗尼·巴尔在成功的道路上不断践行着这一句话。在"埋头苦干"的同时，他没有忘记"抬头看路"的重要性。

罗尼·巴尔是一个美国人，35 岁时，他开始在一家鞋厂学习制鞋技术，他仅用了 30 天的时间就学会了别人三年才能学会的制鞋技术。工作期间，罗尼·巴尔认真踏实、精益求精，就连师父都对罗尼·巴尔的手艺赞不绝口。

几年后，罗尼·巴尔所在的市区开始鼓励私人经营，当天，罗尼·巴尔就向师父提出停薪留职，并注册了自己的皮鞋厂——巴尔皮鞋。这是罗尼·巴尔第一次"抬头"，他拿出自己工作几年的积蓄，自己投资了制鞋产业。创业初期，他每天都要埋头工作 16 个小时，几乎没有休息日，巴尔皮鞋很快成为该市的畅销品。

但是好景不长，由于其他品牌的"入侵"，巴尔皮鞋的销量开始下降了。"生存还是毁灭？"罗尼·巴尔面对困境，开始抬头看路，他四处调查市场，得知当时该市区的皮鞋业基本上以手工制作为主，装备水平很低，质量上相对也较差。通过这次抬头看路，罗尼·巴尔看到了自己与别人的差距，他下定决心要改变这种现状。随后，他跑到国内最高级、最专业的皮鞋研究所学习，后来又到了被誉为"世界鞋都"的意大利进修。经过这一番学习后，他投入一百二十多万元着手从事技术改进，创出了当地第一条机械化流水线，由低档产品为主转为生产高档皮鞋，再次打开了市场。

虽然在国内市场上站稳了脚跟，但国外市场的开拓却不尽如人意，罗尼·巴尔再一次抬头看路，看到了皮鞋升级换代、加速发展的希望。于是，他决定退出批发市场，走连锁品牌专卖之路。而且，他还请进意大利设计师，追赶世界鞋业时尚潮流，不断推出有自主知识产权的系列舒适鞋……最终他建立了自己的制鞋王国。

罗尼·巴尔低头苦干没有白干，抬头看路更没有白看。他不仅发现了自己与先进水平之间的差距，还找到了企业未来的发展方向。方向对了，巴尔集团的成功也就自在情理之中。真是不看不知道，一看全明了。

成功就是在抬头和低头的交替中实现的。每一次的抬头，不仅让我们在忙碌的工作中得到暂时的休息，还可以修正前进途中的方向；每一次埋头，都让我们在既定的方向上向前迈进，不断取得更多的成功。

人生几多迷茫，要走出一番精彩，我们就既要"低头狂奔"，又要"抬头看路"。只有方向正确了，才能做正确的事，正确地做事，才能避免苦苦追求、满身疲惫地瞎忙，即使走得慢也能走出成效，而且走得从容淡定。

找到自己的北斗星，就能走出困境

心中有目标的人大多懂得着眼当前、放眼长久，能够摒除外界的干扰，

冷静而理智地思考，从而不至于陷入迷失自我设置的泥沼中。

有这样一个故事，是关于西撒哈拉沙漠中的旅游胜地比赛尔。

在很久以前，非洲西撒哈拉沙漠深处有一片与世隔绝的贫瘠地方，当地人称之为比赛尔。这里的人没有一个走出过茫茫大漠，不是他们不愿意，而是无论他们怎么努力都没法走出去。那些人在一望无际的沙漠里只会走出许多大小不一的圆圈，最后的足迹十有八九是一把卷尺的形状。

后来，一位叫肯·莱文的西方探险家来到了这里，比赛尔人告诉他这个"走不出去"的魔咒。莱文当然不会相信，他从比赛尔向北走，不到十天就走出了沙漠。为了弄明白比赛尔人为何走不出去，莱文回到比赛尔特意雇了一个当地人让他在前头带路，自己跟在后头走。十天过去了，走了近 1000 里路，他们还在沙漠里头转，第 11 天的早晨，两人居然转回了比赛尔村。

莱文终于明白了，比赛尔人世世代代走不出大漠，是因为他们根本不认识北斗星。

比赛尔人是不幸的，他们的不幸在于找不到行走的参照物，自然也就找不到正确的方向，必然也找不到出路，于是世世代代被茫茫大漠和自身的无知所囚禁；比赛尔人又是幸运的，肯·莱文带着他们走出了宿命和无知的困境，从那以后，

成千上万的旅游者给他们送来了物质和知识的财富。

这个故事虽然短小，却告诉我们一个深刻的道理：一个人如果一开始就不知道他要去的目的地在哪里，那么即使他再渴望成功，有再强大的信念，他也永远到不了想去的地方，只能被困在原地打转；相反，一个人若为自己设定一个目标，那么这个目标就像引航的灯塔一样会引领他驶出黑暗，驶向成功。

大哲学家亚里士多德说过："明白自己一生在追求什么目标非常重要，因为那就像弓箭手瞄准箭靶，我们会更有机会得到自己想要的东西。"的确，提前给自己设立一个目标，就如同找到了一个看得见的"靶子"，而不至于迷失自己的方向，并且最大可能地激发潜能，主宰自己的命运。

美国哈佛大学曾有一个非常著名的关于人生目标对人生影响的调查，他们对一群智力、学历和环境等都差不多的年轻人进行了长期的调查。刚开始的时候，调查的结果是90%的人"没有目标"，6%的人有目标但目标模糊，只有4%的人有非常清晰明确的目标。20年后，研究人员对当初的这些年轻人进行回访，结果发现，4%有明确目标的人，他们的生活、工作、事业都远远超过了另外96%的人。更不可思议的是，4%的人拥有的财富超过了96%的人所拥有财富的总和。

可见，成功在一开始仅仅是一种选择，你选择什么样的目标，就会有什么样的人生。目标既是我们成功的起点，也是衡量是否成功的尺度。

一个心中有目标的人懂得着眼当前、放眼长远，能够摒除外界的干扰，冷静而理智地思考，找准自己的人生舞台，而不至于在迷失自我设置的泥沼中团团旋转，因此，即使他们开始的时候再普通，也一定能依靠目标成为成功的创造者，这也是成功者之所以成功的先决条件。

美国纽约大都会街区铁路公司的总裁弗兰克就是循着这一条不变的途径到达成功的。谈及自己的成功，弗兰克说："在我看来，对一个有目标的年轻人来说，没有什么是不能改变的，也没有什么是不能实现的。而且这样的人无论从事什么样的工作，在什么地方都会受到欢迎。"

由于家境贫困，13岁的少年弗兰克没有上过几天学便提早进入了社会，他要求自己一定要有所作为。那时候，他的人生目标是当上纽约大都会街区铁路公司的总裁。很显然，对于少年弗兰克而言，这是一个很难实现的目标。

不过，为了实现这个目标，弗兰克从15岁开始就与一伙人一起为城市运送冰块。他不断地利用闲暇时间学习，并想方设法向铁路行业靠拢。18岁那年，经人介绍，他进入了铁路行业，在长岛铁路公司的夜行货车上当了一名装卸工。尽管每天又苦又累，但弗兰克始终认真积极地对待自己的工作，他也因此受到赏识，被安排到纽约大都会街区铁路公司干铁路扳道工的工作。

那段时期，弗兰克感觉到自己正在向铁路公司总裁的职位迈进。在这里，他依然勤奋工作，加班加点，并利用空闲帮主管做一些统计工作，比如火车的赢利与支出、发动机耗量与运转情况、货物与旅客的数量等。"不知道有多少次，我不得不工作到午夜十一二点。做了这些工作后，我对这一行业所有部门的情况已经了如指掌。"弗兰克回忆说。

但是，扳道员的工作只是与铁路大建设有关联的暂时性工作，工作一结束，弗兰克面临着离职的危险。于是，他主动找到了公司的一位主管，告诉对方自己希望能继续留在公司做事，只要能留下，做什么样的工作都可以。对方被他的诚挚所感动，调他到另一个部门去清扫那些满是灰尘的车厢。不久，他通过自己的实干精神，成为通往海姆基迪德的早期邮政列车上的刹车手。

在以后的岁月里，弗兰克始终没有忘记自己的目标，他不断地补充自己的铁路知识，废寝忘食地工作着。他每天负责运送100万名乘客，却从没有发生过重大交通事故，最终弗兰克实现了自己成为总裁的目标。

目标是构成成功的基石，是成功路上的里程碑。弗兰克成功了，他用目标给自己制定了一个"靶子"，使自己看清前进的方向，并且长时间地调动了奋斗激情，进而为人生添上了精彩的一笔。

现实中，很多人抱怨自己工作努力却没有成就感，得不到肯定和重用。其实，这时候你是否该反思一下：自己有没有一个明确的工作目标，是不是没有找准自己的人生舞台，以致东一榔头西一棒子，晕头转向，碌碌无为？

豁达乐观的心，可以让生命从枯井中脱困

培养一份从容淡定的气度，能够在迷茫中豁达乐观地面对一切，以一种正确而积极的态度面对困境，并且将困境变成自己走向成功的垫脚石。

在生命的旅程中，有时我们会遇到诸多的困难和磨难，随之而来的是对前途的困惑、焦虑还有彷徨与无奈，种种感觉一齐涌上心头，个中滋味尽在不言中。有的人甚至走进死胡同、走向极端，实在是可悲可叹。

下面一则小故事，或许可以让我们从中受到不少启发。

一位农夫与一头驴相伴，一天，驴不幸掉入一口枯井中。农夫在井口急得团团转，费尽心思想救出驴，但折腾了大半天都无济于事。最后，农夫念在驴一生辛勤劳作，既然无法相救，那就填了枯井，让它早点儿安息。

农夫把所有的邻居都请来填井，大家抓起铁锹，开始往井里填土……

驴子很快就意识到发生了什么事，起初，它只是在井里恐慌、痛苦地哀号着。不一会儿，令大家都很不解的是，它居然安静下来。几锹土过后，农夫终于忍不住朝井下看，眼前的情景让他惊呆了。驴子对每一锹砸到自己背上的泥土都做了出人意料的处理：迅速地抖落下来，然后再站上去。

农夫高兴极了，加快了往井里填土的速度。就这样，没过多久，驴子不断抖落掉到身上的泥土，竟把自己升到了井口。它纵身跳了出来，从原本绝命的枯井里得以生还，然后在众人惊讶不已的表情中得意地跑开了。

意识到自己即将被泥土掩埋时，驴子开始时只是在井里恐慌、痛苦地哀号，不过冷静下来之后，它发现了一个脱困的"秘密"，对于每一锹砸到自己背上的泥土都做了出人意料的处理：迅速地抖落下来，然后再站上去。随着井底的不断增高，驴子化逆境为顺势，从原本绝命的枯井里得以生还。

就如驴子的情形，在生命的旅程中，有时候我们难免有突陷"枯井"的时候，各式各样的困境就像是不停掉落的"泥沙"叫人无法躲闪。这时候，任何哀叹痛哭、怨天尤人都无济于事，最有效、最实际和最聪明的办法，就是冷静面对，挺直腰杆，将身上的"泥沙"抖掉，并踩在脚下，变成帮助自己脱困的垫脚石。

当然，这需要我们培养一份从容淡定的气度，能够在迷茫中豁达乐观地面对一切，着眼现在、放眼未来，以一种正确而积极的态度去面对困境，并且冷静而理智地进行思考。能做到这一点的人有限，故成功的人也不多。

美国著名的"牛仔大王"李维·施特劳斯（简称李维斯）的发迹史充满传奇，他的制胜"法宝"就是每当遭遇困境的时候都积极乐观地面对，进而将困境变成自己走向成功的垫脚石。

19世纪，美国发现了储量可观的金矿，消息传来，整个美国都轰动了。李维斯和众多年轻人一样带着梦想日夜兼程奔赴西部追赶淘金热潮，岂料一条水势汹涌的大河挡住了去路。被阻隔的行人怨声一片，苦等数日后陆续开始打道回府。"我也要回去吗？"李维斯问自己，"不！既然大家都被大河挡住了去路，我何不摆渡呢？"很快李维斯因摆渡而获得了人生的第一笔财富。

由于到西部的时间比较晚，好的地方已经被先来者占据。没有好的地盘了，淘金的希望太渺茫了，李维斯和同行的人一连挖了好几天，可连一粒金子也没有挖到，还要时常忍受没有水喝的痛苦。"这样下去什么都不会得到，身体还会垮掉，难道这就回家吗？"想到这里，李维斯犹豫了一下，随即对自己说，"不！不！"看到淘金者们时常忍受没有水喝的痛苦样子，一个念头在他脑中一闪而过："卖水！"

于是，李维斯没日没夜地挖水渠，从百里之外将河水引入水池。然后，再将水装进水桶里，他开始卖水了。一时间，排队买水的人挤破了头，李维斯的生意红红火火。慢慢地，有人开始参与卖水的新行业了。再后来，卖水的人已越来越多。

这样，生意很快就被瓜分了，李维斯又陷入了困境，怎么办呢？他又开始了冷静的思考。看到淘金人成天在野外挖矿，裤子极易磨破，他便收集了一些废弃的帆布帐篷，缝制成了裤子，这种裤子的布料很厚、很结实，不容易磨破，在当地非常受欢迎，这就是牛仔裤。Levi's的品牌神话也由此展开。

伟大和平庸常常只有一步之遥，成功者和失败者的人生历程其实是一样的，唯一不同的是在困境面前，有些人在"枯井"中看到机会，一步步从黑暗中走向光明，将困境变为一个超越自我的有利条件；而有些人只会把"枯井"看作是生命的终结，哪怕再小的困境也会成为他致命的一击。

"困难像弹簧，看你强不强，你强它就弱，你弱它就强"。这是至理名言。因此，我们要想成为生活的强者，在面对生活中的困境时，就要学会勇敢积极地面对。哪怕是陷入充满泥沙的枯井里，哪怕是泥沙填满了我们，我们也要学会将撒落在身上的泥沙抖落掉，而不是在枯井里团团打转。

为什么你不如别人优秀？为什么你的成就不如别人大？是该好好地想一想的时候了，在遇到困境的时候，你是退缩，还是迎难而上？是逃避，还是勇敢面对？困难就像弹簧，是你强过它，还是它强过你？

在黑暗中欢笑，心中便是一片朗朗晴空

善于从黑夜中寻找光明，就会看到生活中的美好；学会在黑暗中微笑，
就能拥有坚强的毅力和不惧黑暗的勇气。

太阳东升西落，于是就有了一天的昼和夜。昼夜交替、顺逆相依，这本是自然运转的规律，问题是很多人身处人生的黑夜时就如热锅上的蚂蚁，失去理智，不能判断方向，手忙脚乱，结果常常无功而返。

德国人洛克的生活几乎是一帆风顺的，即使遇到一些烦心事，他也能从容不迫地应付。但是，因为第一次世界大战的到来，世界上绝大多数的烦恼几乎在一时间都向他袭来，令他苦不堪言。比如，他所办的商业学校因大多数男生都应征入伍而出现了严重的财务危机；他的儿子在军中服役，生死未卜；他的女儿马上就要高中毕业了，上大学需要一大笔学费；他的家乡一带要修建工厂，他的房屋要被拆了，而土地房产基本上属无偿征收，赔偿费只有市价的1/10……

"面临这么多糟糕的事情，我该怎么办呢？天！我毫无头绪……"洛克整天食不能安，夜不能寐，就连坐在办公室时他都在为这些事烦恼。

一年后，事实证明，洛克的烦恼是多余的，因为，他担心他的商业学校无法办下去，但是政府却拨款训练退役军人，他的学校很快便招满了学生；他的儿子毫发无损地回来了；在女儿将入大学之前，他找到了一份兼职的稽查工作，帮助女儿筹足了学费；他的住房附近发现了油田，他的房子也不再被征收……

可见，身处黑夜并不可怕，可怕的是因为黑暗的侵袭而放弃希望。当一个人的心完全被黑夜占据，即使艳阳高照，他的心仍然是冰冷的。一个人心中没有了希望，也就没有了斗志，他就被彻底地击败了。

人生世事难料，可能平步青云，也可能深陷泥潭，于是又有了人生的昼和夜。既然人生的黑夜不可避免，那我们何不从黑夜中寻找光明？正如顾城的那一句诗："黑夜给了我黑色的眼睛，我却用它来寻找光明。"

事实上，黑暗不可避免，关键在于心境，在于我们能否着眼当前、放眼未来，善于从黑夜中寻找光明，看到生活中美好的一面和光辉灿烂的未来。也就是说，好事与坏事只是人的一念之差。凡事多往好处想，心胸自然会变得豁达宽广，心中便是一片朗朗晴空，也就能够顺利地解决一切问题。

俄国作家契诃夫曾经写过一篇题为《生活是美好的》文章，里面有这样一段意味深长的文字："要是火柴在你的衣袋里燃烧起来了，那你应当高兴，而且要感谢上苍，多亏你的衣袋不是火药库。要是有穷亲戚到别墅来找你，那你不要脸色发白，而要喜气洋洋地叫道：挺好，幸亏来的不是警察……"

这样一想，你是不是觉得生活变得很好了呢？

事实上，那些乐观豁达的人，即使身处黑暗中，也仍然仰望光明并孜孜以求，最终他们会把无法事先布置的生命舞台前的那条黑色布幔拉开，看到色彩斑斓的宏图，探寻光明的价值也就得到了充分体现。

海伦·凯勒于1880年出生于亚拉巴马州北部一个叫塔斯喀姆比亚的城镇。她在一岁半的时候因发高烧差点儿丧命。她虽幸免于难，但发烧给她留下了后遗症——她再也看不见、听不见了，接着她又丧失了学习说话的机会。海伦仿佛置身在黑暗的牢笼中无法摆脱，万幸的是她并不是个轻易放弃的人。

不久，海伦就开始利用其他的感官来探查这个世界了。她跟着母亲，拉着母亲的衣角，形影不离。她去触摸、去嗅各种她碰到的物品。她模仿别人的动作且很快就能自己做一些事情，例如挤牛奶或揉面。她甚至学会靠摸别人的脸或衣服来识别对方。她还能靠闻不同的植物和触摸地面来辨别自己在花园的位置。

当然，对于一个聋盲人来说，要脱离黑暗走向光明，最重要的是要学会认字读书，而从学会认字到学会阅读，更要付出超乎常人的毅力。海伦是靠手指来观察家庭老师莎莉文小姐的嘴唇，用触觉来领会她喉咙的颤动、嘴的运动和面部表情，而这往往是不准确的。她为了使自己能够发好一个词或句子的读音，要反复地练习，最终她凭借自己的努力考入了美国哈佛大学的拉德克利夫学院。在大学学习时，许多教材都没有盲文本，要靠别人把书的内容拼写在手上，因此海伦用在预习功课上的时间要比别的同学多得多。当别的同学在外面嬉戏、唱歌的时候，她却在花费很多时间努力预习功课。

就在这黑暗而又寂寞的世界里，海伦竟然学会了读书和说话，并以优异的成绩毕业，成为一个学识渊博，掌握英、法、德、拉丁、希腊五种文字的著名作家和教育家。她的著作《假如给我三天光明》感人至深。之后，她走遍美国和世界各地，为盲人学校募集资金，把自己的一生献给了盲人福利和教育事业。她赢得了世界各国人民的赞扬，并得到许多国家政府的嘉奖。有人曾如此评价她："海伦·凯勒是人类的骄傲，是我们学习的榜样，相信众多的有疾病而聋、哑、盲的人都能在黑暗中找到光明。"

阴影恰好证明了阳光的存在，海伦·凯勒并没有因为自己视野的盲区而遮住人生绚丽多姿的风采。原来，眼盲并不算是与光明永别，也不会迷失在自我的沉沦中。没有理性的照耀，才是一个人真正身处的黑暗。世界上没有无边的黑暗，只要拥有坚强的毅力和不惧黑暗的勇气，就终究会看到黎明时喷薄而出的太阳。

相比之下，在那些"光明人"的世界里，如今又有多少"跳楼门"事件！也许，有意轻生的人真的是陷入了人生中一段最黑暗的沼泽之中，然而每个人的心灵救赎最终还是要靠自己。我们依然要有所期待、有所探寻，期待熬过黎明前最冷、最暗的黑夜，探寻东方第一缕曙光的方向指引，如此，我们将扬帆远航。

在光明下欢笑是一种本能，而在黑暗中欢笑则是一种品质。在黑夜中寻找光明，需要具有"采菊东篱下，悠然见南山"的闲适。这是一种心胸之宽广，是一种力量之博大，更是一种从容的淡定。身处黑夜，保持不灭的信心，不可急躁，多做一番思考，光明终究有一日会到来！

志存高远，才能成为自己的英雄

为人处世应立大志、立高志，唯有志存高远，才可以超越眼前的事物所带给的局限，天高地阔任我行。

一个渔翁在河边钓鱼，看样子，他的运气还不错，只见水面一动、银光一闪，一会儿就钓上来一条鱼。但令人奇怪的是，每次钓到大鱼，渔翁就会摇摇头，然后把它们放回到水中，只有小鱼才放到鱼篓里。

在旁边观看垂钓的人迷惑不解，问道："你为什么要放掉大鱼，而留下小鱼呢？"

"唉，"钓鱼的人回答道，"我只有一个小锅，怎么能煮得下大鱼呢？"

在这个竞争激烈的社会，你是否和故事里的钓鱼人一样，常常不相信自己的能力，认为自己的能力不够，凡事不敢期望太多，时常对自己说"我能怎么样呀"、"唉，我能做的就这些了"诸如此类的话。

诚然，每一个人都有自己的生活方式，怎样选择本无可厚非，但是若想拥有一番作为，为人处世就应立大志、立高志。因为志向过低是对自我潜能的画地为牢，会束缚一个人的意识和能力，这是一种懦夫的所作所为。

对此，林肯说过："喷泉的高度不会超过它的源头，一个人的事业也是这样，他的成就绝不会超过自己的信念。"还有一句古话："望乎其中，得乎其下；望乎其上，得乎其中。"意思是说，做一件事，如果你期望达到中等水平，结果你只可能达到下等；如果你把目标定位在上等水平，你就有可能取得中等水平。

反观历史与现实，常常可以看到，成功者与失败者之差，往往仅是一步之遥、一分之差。高一步立身，高一步地追求，往往就能使一个人成为生活中的强者、竞争中的赢家。正所谓"丈夫在世，立不世之功"，甚至我们也可以这样说，所谓的成就是由每个人立志的高低不同所决定的。

"立身不高一步立，如尘里振衣，泥里濯足，如何超达？"明代学者洪应明以反问的语气，肯定地说明了为人处世应立大志、立高志，唯有比别人高一步立身，才可以超越眼前事物所带给人的那些局限。否则，就如在尘土飞扬之时晒衣服、在风雨泥泞中洗脚……展开的只能是一团糟的人生。

你或许会问：志存高远，为何能使人获得更大的成就、变得伟大呢？理由再简单不过了，一个人有了追求卓越的意识，给人生一个大的参照物，往往会强化自己的责任感，促使自己更具进取心，更严格地磨砺自己、充实自己，也就越能战胜各种压力和困难，进而使能力发展得越来越快、越来越大。

班超是东汉著名的军事家和外交家，他外表虽不修边幅，却自小胸怀大志，想干一番大事业。明帝永平五年，班超在官府帮忙抄写文书以维持生计，那时，他曾面向远方感叹："堂堂七尺男儿应该有宏伟的志向，就算是没有更高的志气和胆略，也应当像傅介子、张骞一样，到国外去建功立业，博取功名，我又怎么能长期坐在这里，老是从事笔墨工作，虚度了大好的时光呢！"

听到班超的这番话以后，一起抄书的几个人都纷纷报以讥笑嘲讽："就凭你现在的境况，还想去建功立业啊？安分点儿！老老实实在这儿抄抄书混口饭吃吧，别做白日梦了！""贫贱之人还想登什么大雅之堂，为国君开疆拓土、建功立业？你这样的人有资格谈吗？快省省吧！继续抄吧！待会儿该交文书了！"

班超听了这些人的话，正言厉色地反驳道："你们这些庸碌小人怎能会理解壮士的胸怀与志向啊！古人有'燕雀安知鸿鹄之志'的豪言壮语，吾辈为何不能高一步立身，胸怀大志，为国家贡献自己的力量，效忠国君呢？"后来，听说匈奴经常掠夺边界上的居民和牲口，班超毅然投笔从戎了。

接下来的几年，班超率疏勒、于阗等国兵陆续平定莎车、龟兹、姑墨、焉耆等国，西域遂平。他在西域活动长达31年之久，平定内乱，外御强敌，为西域的安全以及丝绸之路的畅通做出了卓越的贡献。

"大丈夫无他志略，犹当效傅介子、张骞立功异域，以取封侯，安能久事笔砚间乎？"凭此从高立身的意识，班超以天下为己任，毅然投笔从戎。这是何等的志存高远，何等的气度非凡？

古今中外的任何领域的名人，可以说成功者中无一人是不立大志而得成大业的。

《三国演义》中也提到过大志。有一回，曹操与刘备青梅煮酒论英雄。当刘备问到袁术、袁绍时，曹操说其不足挂齿，并曰："夫英雄者，胸怀大志，腹有良谋；有包藏宇宙之机，吞吐天地之志者也。"意思是说，凡是成为英雄的人都具有伟大的志向，胸中蕴藏着精良的计谋，他们都是具有能够容下宇宙的胸怀，有吞吐天地的大志之人。曹操正是因为有包藏宇宙、腹吞山河的气概，故能成就霸业。

郭沫若，四川乐山人，是现代著名的诗人、戏剧作家、历史学家、社会活动家，有不少的佳作流传后世。相传他少时聪明过人，且胸怀大志。

郭沫若四岁半时，即开始从师于一位沈姓私塾先生。那个时候的私塾先生常常要教学生练习"对对子"。有一次，沈先生带着一群孩子春游茶溪河畔，见有人钓鱼，便出上联："钓鱼。"有的学生对"洗衣"，有的对"捉鸟"，有的对"写字"，有的对"爬树"……唯有郭沫若信口对出下联"打虎"，不但成文不俗，而且小小年纪，豪壮的气魄已露端倪。沈先生直呼"与众不同，今后大有出息"。

有一次，少年郭沫若和小伙伴们一起钻过狗洞，到私塾隔壁的一座寺庙里偷桃子吃。这件事被庙里的老和尚知道了，便告诉了沈先生。沈先生便叫孩子们来问，并且出了一个上联："昨日偷桃钻狗洞，不知是谁？"告诉孩子们，如果哪个坦白交代并对出了下联，可以免打。其他孩子都没办法对出下联也不敢承认偷了桃子，只见郭沫若站起来答道："他年攀桂步蟾宫，必定有我。"

沈先生一听，不禁暗自叫好。郭沫若给出的下联对仗工整，而且"攀桂"和"步蟾宫"都是考中状元的意思。他看到了少年郭沫若的横溢才华，也看到了他所具有的远大志向与抱负，于是，沈先生日后更加悉心培养郭沫若，郭沫若也通过自己的努力，终成现代中国文学史上的大家。

以上故事说明了立志高则人行远的道理，类似的事例可说是不胜枚举。低飞觅食的燕雀哪会理解鸿鹄的冲天志向呢？庸人又怎能知道英雄的胸怀呢？你想超越眼前的事物带来的局限吗？你想拥有不一样的广阔未来吗？那么，就赶紧行动起来吧，树立远大志向。

"包藏宇宙之机，吞吐天地之志"，这是一种与天试比高的傲气豪情，是一种强烈的成功欲望，是一种千古名扬的英雄情结，更是一个为人处世的最高博弈。我们每个人都应该有吞吐宇宙的心胸，要志存高远，如此我们就能够登高望远，天高地阔，以区区溪流汇聚成滔滔江海。

实现愿望就要全力以赴

要想获得成功，就要每天付出更多的热情，洒更多的汗水，毫不犹豫地清除自己的惰性。

相信很多人对这些现象感到困惑：

同时进入公司的人，几年后注定要分化，有的人每天忙忙碌碌，却很少得到老板表扬；有的人没那么辛苦，却很讨老板欢心，屡屡得以提拔；有的人工作多年依然默默无闻、毫无建树；有的人却是公司里的佼佼者，不停地创造着佳迹……

为何会这样呢？我们不妨先来看一个小故事。

某天，一个猎人带着自己的猎狗去森林里打猎。半天过去了，猎人看到森林中没有什么猎物，正准备离开，突然跑出来一只野兔。猎人拿起猎枪朝野兔开了一枪，结果只击中了野兔的一条后腿。受伤的野兔开始拼命地跑，猎狗在猎人的示意下飞奔出去追赶野兔，但是还是让野兔逃跑了。

猎狗悻悻地回到猎人身边，猎人气恼地骂道："你这个没用的东西，连一只受伤的野兔都追不到！害得我今天要空手而回了！"猎狗听了主人的话，很不服气地顶了一句："可是，我已经尽力了呀，那只兔子跑得太快了！"

野兔跑回洞里，它的兄弟们都围过来惊讶地问："那只猎狗凶得不得了，你脚受伤了怎么还能跑得这么远，而且还能跑得过它呀？"野兔回答道："并非我跑得比猎狗快，而是因为猎狗追捕猎物是为了得到主人的肯定、美味的食物，它跑累了大不了不追。我是想保住自己的性命，所以只能竭尽全力地奔跑。"

在上面的小故事中，猎狗因为没有抓住即将到手的猎物，受到了主人的谩骂。猎狗已经尽力而为了，它有什么错吗？但是通过后来野兔与同伴的对话，我们可以领悟到：并非野兔比猎狗跑得快，它也根本跑不过猎狗，而是它为了保命不得不竭尽全力地奔跑，可见尽力而为和竭尽全力的结果是截然不同的。

现代社会的竞争异常激烈，很多人存在这样一种错误的想法：做事情仅仅满足于尽力而为，认为工作只要尽力而为就可以了，没必要让自己累死累活的，就如同故事中的那只猎狗，结果不能最大限度地发挥自身的潜力，也不容易获得上司的青睐和事业上的成功，导致整个人生陷入了困顿。

正确的方法是，要像故事里的野兔一样全力以赴。全力以赴是指把全部的身心投入到工作中去，在工作中竭尽全部的才力和能力。对工作尽心尽力、尽职尽责的人，才会在工作中有出色的表现，才会得到别人的认可，才会得到丰硕的回报。任何人的成功都不是随便能够获得的，都需要全力以赴。

大家只知道袁隆平教授在杂交水稻研究与推广方面取得了巨大的成就，他的杂交水稻亩产量已经达到 1287 千克，但是有谁想到这是他几十年如一日地全力以赴，坚持每天在实验室进行实验，在试验田里一"站"就是十七八个小时的结果呢？"我如果不在家，就一定在实验田；如果不在实验田，就一定在去实验田的路上。"这是袁隆平说过的一句广为人知的话，也是他为事业全力以赴的真实的生活写照。

为什么尽力而为和竭尽全力的结果如此不同呢？在这里，我们需要着重讲一讲潜力。每个人都有无限的潜力存在，但大多数人只发挥了不到10%，剩下90%的潜力则被深藏起来，这正是尽力而为的结果。而全力以赴则能有效激发起剩余的潜力，充分调动自己的智力，进而实现心中的愿望。

不过，一旦下定决心全力以赴做事，就意味着每天必须付出更多的热情，洒更多的汗水，必须要毫不犹豫地清除自己的惰性，坚定不移地朝着既定的目标迈进，这是一种难能可贵的精神品质，所以要全力以赴地做事。

是的，全力以赴去做事情的确很难很累，但是当我们获得了成功的时候，我们会觉得所有的付出都是值得的。事实上，当我们全力以赴时，不管结果如何，我们都赢了，因为全力以赴使我们已经成为了最大的赢家。

兰狄·马丁是一名美国运动员，他在 1972 年参加了第一届波士顿马拉松比赛。这次比赛全程超过 26 英里，而且是在起伏很大的山坡地进行，难度是非常大的。在此之前，兰狄·马丁一直在积极备战，他希望自己能够争当冠军。但遗憾的是，兰狄·马丁最终只取得了第三名的成绩。

当记者问兰狄·马丁没有取得第一名的好成绩会不会有遗憾时，他很坦然地回答道："当冲过终点的那一刻，我就觉得自己胜利了，因为我已经全力以赴了。每一位跑完全程的人都是胜利者，结果怎么样是另一回事，关键是好好地、全力以赴地去做，这样就不会有任何的遗憾了。"

兰狄·马丁是抱着赢的心态去比赛的，所以他输了，也没有觉得遗憾，或者气恼。的确，拿第一是赢，全力以赴也是一种赢，享受这个付出的过程吧！没有一件事比全力以赴更能使你满足，也只有这时候你才会发挥最好的能力。

看到了吧，这种气度令人肃然起敬。

当你的工作或人生陷入困境时，不要再以"我尽力了，结果不理想"的借口敷衍自己，而是要对自己保持一个清醒的认识，时常问问自己：我今天是尽力而为的猎狗，还是全力以赴的兔子？

果敢一点，别再优柔寡断

果断是一种性格，也是一种气质，它能够使我们着眼当前、放眼未来，

拨开重重迷雾做出正确的抉择。

人的一生要走很长很长的路，这条长路上还会有很多岔路口，道路的选择非常重要。那么，当面对形形色色的抉择时应该如何拨开迷雾，做出正确的选择呢？此时，有些人往往犹豫、犹豫、再犹豫，三思、三思、再三思。

一位智商很高、渴望成功的大学教授决心"下海"做生意。

有朋友建议他到夜校兼职讲课，他很有兴趣，但快到上课的时候了，他犹豫了："讲一堂课才 20 块钱，这能挣到多少钱啊，我还是试试其他的方法吧。"

又有朋友建议他炒股票，他豪情冲天，但去办股东卡时，他犹豫道："炒股有风险啊，我还是等等看吧。"

他很有天赋，却一直在犹豫中度过。两三年了，他一直没有"下"过海，一直碌碌无为。

由此可见，过分谨慎和粗心大意一样糟糕，我们不要做过于谨慎的"犹豫先生"。

的确，世上有很多人做事太过慎重，凡做一项事情非要经过很长时间、反反复复地考虑不可。千思百虑固然有它的好处，但实在是谨慎有余、胸怀不足，有时候千载一遇的大好机会就会在犹犹豫豫当中失掉了，正可谓"当断不断，反受其乱"。

当年西楚霸王项羽和刘邦争夺天下时，只因性格上太优柔寡断，在鸿门宴上

下不了除掉刘邦的决心，结果使得本该属于自己的天下成了别人的囊中之物，落得个夫人不保、拔剑自刎的结局，真是可悲可叹。

所以，要想获得某种成功，我们就必须有果断的精神，做一个果断行事、当机立断的人。果断是一种性格，也是一种气质，它能使我们着眼当前、放眼未来，拨开重重迷雾做出正确的抉择，它所爆发出来的力量是不可估量的。就算有时候会犯错，也比某些人那种事事求平衡、总是思来想去和拖延不决的习惯要好。

果断并非一意孤行的"盲断"，也非逞一时之快的"妄断"，更非一手遮天的"专断"，而是要基于客观的事实根据、出众的预见性眼光，更要有决心与魄力。成大事者身上大多具有果断的特质，发现机会后，他们往往能够当机立断，及时地抓住机会，进而创造了属于自己的成功，不过他们也并非天生就具有这种特质，只不过他们更注重在一次次的决策中提高自己的判断能力。

在美国，"钢铁大王"安德鲁·卡内基的名字是个传奇，他做事果断干练，眼光实际而长远，他是白手起家的成功商业精英的典范，他是果断行事取得成功的极好例证，他的事例被众多成功学大师引为例证。

1865年4月，美国南北战争结束了，联邦政府与议会首先核准联合太平洋铁路公司，再以它所建造的铁路为中心路线，核准另外两条横贯大陆的铁路路线。与此同时，各级政府部门还提出了数十条铁路工程的施工计划。

此时，29岁的卡内基已经凭借自己的努力当上了宾夕法尼亚州铁路公司西部管区的主管，也算是少年得志，但是，他已经预见到美洲大陆的铁路革命和钢铁时代的来临，毅然向宾州铁路公司提出了辞呈。辞职后，他到伦敦考察了那里的钢铁研究所，果断地用重金买下了道茨兄弟发明的一项钢铁专利。

当时，很多亲友全都劝说卡内基最好再考虑一段时间再做决定。其实卡内基开始做交易时也有过犹豫，不过他认为："机遇往往有这样的特点，它是意外突然地来临，又会像电光石火一样稍纵即逝。这个特征要求人们在资料、信息、证据不是很充足而又来不及做更多搜集、分析的情况下做出决断。否则，有机不遇，悔恨莫及。"后来，卡内基承认，那项专利给他带来了约 5000 镑黄金的利润。

1872 年，卡内基又前往英国考察，在此期间，他目睹了制造钢铁的新方法，预见到炼钢将是工业未来发展的方向。返回美国后，他毫不踌躇，拿全部财产作为赌注，又倾其全力地大量举债，成立了卡内基钢铁公司。

很多人替卡内基果断地"对钢铁不计血本的大投入"而感到不解，但是卡内基却认为"这时不做，还等何时？再过几年，美国处处需要钢铁，哪有卖不出去的理由！失去机会，赚大钱的机会也许就轮到别人了"。

到 20 世纪初，卡内基钢铁公司已成为世界上最大的钢铁公司，拥有员工超过两万人，产量超过当时英国全国的钢铁产量。卡内基成功了。

犹豫不决多产生于初始阶段。许多人就是因为未能果断迈出第一步而丧失大好的时机。当第一步迈出以后，第二步、第三步的决断就好做多了。卡内基大刀阔斧地行动，随着经验的增长，他变得越来越果断，事业也因之越做越大。经过若干年的努力，他终成了一位名副其实的亿万富翁。

无独有偶，美国富翁爱林·福特也具有一种果断的行事风格。在谈到自己的创业历程时，他曾说："想成为富翁的人必须相信自己的命运要由自己来决断。心中有数，明确了方向，你必须拿出勇气和魄力做出果断的决定，接下来就要付诸行动，马不停蹄地去做，不要犹犹豫豫。"

当有人问拿破仑是如何征服世界的时候，他回答说，他只是毫不迟疑地去做这件事。的确，拿破仑在紧急情况下总是立即抓住自己认为最明智的做法，而牺牲其他所有可能的计划和目标，因为他从不允许其他的计划和目标来不断地扰乱自己的思维和行动。这是一种有效的方法，充分体现了勇敢决断的力量。

机会难得，想再回头重新来过是绝不可能的。你渴望成功吗？那么，你首先必须抛弃犹豫与徘徊，培养自己决断的能力，并毫不犹豫地去做。如果凡事都能延续这样的思路和方法，那你就能驾驭住复杂的环境，及时地把握住人生的契机，一步一步地走向成功。

人生有了计划，就会走得稳、走得远

一切往前看，对于每件稍微大一点儿的事情都应该做一个计划，事业是，人生也是。

　　或奔波于上下班途中，或穿梭于单位各部门之间，或坐在电脑旁处理一大堆文件、材料……繁忙的工作任务、沉重的压力和责任，是不是让你觉得工作杂乱无章、没有效率，似乎永远没有出头之日？

　　你想改变这种状态吗？答案当然是"想"，如何做呢？每天制订工作计划。工作计划就是对即将开展的工作的设想和安排，如提出任务、指标、完成时间和步骤方法等。有了计划，工作就有了明确的目标和具体的步骤，如此我们就能增强工作的主动性，减少盲目性，使工作有条不紊地进行。

　　下面引用一则事例。

　　理查斯·舒瓦普是伯利恒钢铁公司的总裁，由于这是一家拥有十几万名员工的大型跨国公司，每天的各种工作就像雪片一样，舒瓦普不得不整天忙来奔去的，他越来越感到力不从心，更为公司的低效率而担忧。怎样才能改变这种不良状况呢？舒瓦普左思右想、一筹莫展，最后决定不惜重金去向效率专家艾维·李寻求帮助，希望对方可以教给自己一套可以在单位时间内完成更多工作的方法。

　　艾维·李对舒瓦普说："好！我只用十分钟就可以教你一套至少可以把工作效率提高 50% 的最佳方法。如果你觉得方法确实管用的话，到时你就给我寄一张支票，并填上一个你认为合适的数字。"是什么方法让艾维·李对自己如此有把握呢？他给出的方法是——"你今晚需要做的事情是把你明天要做的工作计划一下，按重要程度编上号码。最重要的排在首位，以此类推。早上一上班，马上做第一项工作，然后再做第二项工作、第三项工作……直到你下班为止。"

一周之后，舒瓦普填了一张 2.5 万美元的支票寄给了艾维·李，因为他在这一周的时间内整整做了原来两周才能做完的工作。2.5 万美元？人们纷纷惊讶于这个高额支票。对此，舒瓦普解释说："是的，艾维·李确实教会了我提高工作效率的秘诀，我认为这 2.5 万美元是我经营这家公司多年来最有价值的一笔投资！"

舒瓦普的事例告诉我们，做好工作计划对于提升工作效率具有显著的作用。的确，那些善于做计划的人，即使面对再繁杂的事务，他们也能够安排得井然有序、应对自如，进而取得极高的工作效率。许多颇有名气的商界精英更是将凡事多做计划、先思考后行动、磨刀不误砍柴工列为公司成功的一个重要原因。

关于计划的重要性，美国作家阿兰·拉金在自己的著作《如何掌控你的时间与生活》一书中说："一个人如果做事缺乏计划，靠遇事现打主意过日子，他的生活就只有'混乱'二字，这也就等于计划着失败；相反，有些人每天早上预订好一天的事情，然后照此实行，他们就是生活的主人。"

一切往前看，对于每件稍微大一点儿的事情都应该做一个计划，事业是，人生也是。不过，如果只有长计划而没短安排，那么长计划要实现的目标就不容易达到，所以，有长计划，还要有短安排。长计划是明确工作目标，大致安排；短安排是具体的行动计划。

山田本一原本是一名名不见经传的日本运动员，后来他在 1984 年东京国际马拉松邀请赛、1986 年意大利国际马拉松邀请赛上先后出人意料地夺得了世界冠军，一时间轰动了整个世界。当记者问山田本一凭什么取得惊人的成绩时，不善言谈的山田本一用了同样一句话回答：用智慧战胜对手。当时许多人都认为山田本一是在故弄玄虚，毕竟马拉松比赛是一项非常考验体力和耐力的运动。

十年后，这个谜终于被解开了，山田本一在自传中说："起初比赛时，我总是把目标定在四十多公里外的终点线上，结果跑到十几公里时我就疲惫不堪、力不从心了。后来，我把比赛目标进行了细化。每次比赛之前，我都要乘车把比赛的线路仔细地看一遍，并把沿途比较醒目的标志画下来，比如第一个标志是黄色的房子、第二个标志是一棵大树……这样一直画到赛程终点。比赛开始后，我就奋力地向第一个目标冲去，抵达目标后，我又以同样的速度向第二个目标冲去，就这样在四十多公里的赛程中，我的情绪一直很高涨，如此便能轻松地跑下来了……"

山田本一说的不是假话，众多心理学实验也证明了山田本一的正确。心理学家得出了这样的结论：当人们的行动有了一个明确计划，并能把自己的行动与计划不断地加以对照，进而清楚地知道自己的行进速度与目标之间的距离，人们行动的动机就得到维持和加强，就会自觉地克服一切困难，努力达到目标。

确实，人生需要计划，但这些计划要像上楼梯一样，一步一个台阶走。大计划未雨绸缪，小计划查漏补缺。把大计划分解为多个易于达到的小计划，这样才能充分调动自己的潜能，并且脚踏实地向前迈进，走得稳、走得远。

再来看一个事例。

尹梦把所有的精力都放在了音乐创作上，她梦想有朝一日做个出色的音乐家，但由于缺乏足够的经验，对音乐界也有些陌生，她在音乐方面的发展不顺遂，时常不知道自己的下一步该如何走，一会儿雄心万丈，一会儿信心全无，随波逐流。

"唉，我甚至不知道自己下个星期该做什么？"尹梦将自己的迷茫倾诉给了大学老师。

"想象你五年后在做什么？"突然间，老师冒出了一句话，"别急，你先仔细想想，完全想好，确定后再说出来。"

沉思了几分钟，尹梦回答道："五年后，我希望能有一张唱片出现在市场上，而且这张唱片很受欢迎，可以得到许多人的肯定。"

"好，既然你确定了，我们就把这个目标倒算回来。"老师继续说道，"如果第五年你有一张唱片出现在市场上，那么你的第四年一定是要跟一家唱片公司签上合约，你的第三年一定是要有一个能够证明自己实力、说服唱片公司的完整作品，你的第二年一定要有很棒的作品开始录音了，你的第一年就一定要把你所有要准备录音的作品全部编好曲，你的第六个月就是筛选准备录音的作品，你的第一个月就是要把目前这几首曲子完工，那么，你的第一个礼拜就是要先列出一整个清单，排出哪些曲子需要修改，哪些需要完工，对不对？"

听了老师的话，尹梦犹如醍醐灌顶，如梦初醒，高兴地说道："好了，我现在已经知道下个星期一要做什么了！"

如果要问一个人有什么理想，很多人会不假思索地脱口而出。但若问怎样规划自己的未来，很少有人能明确详细地答复出来。计划太大，就容易感觉自己什么都可以做，但又什么也做不了，许多很好的发展机会就在这种自我犹豫、自我怀疑中失去了，这就是为什么成功的人总是少数。

因此，每当在最困惑的时候，我们不妨静下心来问问自己：五年后最希望自己在做什么？然后给自己的人生定一个规划，而且要细化。做好了这些工作，你就可以很实际地走出目前的困境。做好了计划，即使工作再紧张、生活再忙碌，你也能坦然处之、游刃有余。

第 | 四辑

没有魔术能让一个人一夜成功，那么，不懈努力吧

真正的孤独不是一个人的寂寞，而是在无尽的喧华中丧失了自我。一个人只有在独处时才能成为自己。原谅那些寂寞的时光，珍惜独处的时刻，耐住寂寞，守住繁华，宠辱不惊，然后有所作为。

远离了浮躁，就拒绝了平庸

内心安定、鄙视浮躁，更拒绝浮夸吹嘘、急功近利的作风。

沉下心来做事，踏踏实实做人。

古人云：心浮则气必躁，气躁则神难凝。浮躁，是人生的天敌。一个浮躁的人，必然缺乏凝神聚魂的定力，缺乏拼杀搏击的勇猛。心生浮躁之气，心神不宁、躁气附身，如此坐立难安，哪还有谋事之心、立业之志？

浮躁是一种虚浮的心理状态，人一旦心不稳、气不沉就会被社会的急流所裹挟，变得盲目、浅薄和暴躁，结果只能是失去自我，混淆人生方向，在无尽的忙乱中消耗宝贵的生命。

《世说新语》上有一则"割席绝交"的小故事，很有启发性：三国时期，春秋名相管仲的后代管宁外出游学，与一个名叫华歆的人结为好友，两人成天形影不离，同桌吃饭、同榻读书、同床睡觉，相处得很和谐。唯一不同的是，管宁能够静心学习，而华歆却十分浮躁。有一次，两人正同坐在一张席子上读书，有位达官显贵坐着豪华的轿子从外面路过，管宁置若罔闻，照旧专心致志，而华歆却面露羡慕之色，立刻跑出去看。如此浮躁势必为人浅薄，管宁于是割席而坐，与其绝交。最终，管宁成为德高望重的大学问家，而华歆在学术上却碌碌无为。

管宁留给我们的不仅是他炉火纯青、登峰造极的学问，还有他内心安定、鄙视浮躁、"割席绝交"的定力。静心做学问的求实作风也就是摒弃心浮气躁、踏实做人做事的精神，这是人品和人格的高尚境界。

"科技创新应远离浮躁！""人生是短暂的，所以我总是尽量多学习、多做些事情"、"学海茫茫欲何之，惜阴岂止少年时。秉烛求索不觉晚，折得奇花三两枝。"这是中国科学院院士谷超豪先生获得国家最高科学技术奖后发表的感言。没有一蹴而就、立等可取的捷径，也无须锱铢必较、患得患失的算计，更拒绝浮夸吹嘘、急功近利的作风，一心甘于枯燥的科研工作，这便是摒弃了浮躁，这便是滋养了心灵。

生活总是青睐那些不浮躁的人，拒绝浮躁才能拒绝平庸！

许多年前，美国兴起石油开采热，一个雄心壮志的青年在一家石油公司找到了工作。他的工作很简单，甚至连小孩儿都能胜任：在生产车库，装满石油的桶罐通过传送带输送至旋转台上，焊接剂从上方自动滴下，沿着盖子滴转一圈，作业就算结束，油罐下线入库，从早到晚，日日如此。

这是一份简单而枯燥的工作，不过青年并没有辞职，他每天都认认真真、全心全意地工作，干得不亦乐乎。时间长了，他还发现在机器上百次重复的动作中，罐子旋转一次，一定会滴落 39 滴焊接剂，但却总会有那么一两滴没有起到作用。于是他想，如果能将焊接剂减少一两滴，这将会节省不少。经过仔细研究后，青年研制出了"37 滴型焊接机"。但是这种机器在运作时会有漏油的现象，于是他很快又研制出了"38 滴型焊接机"。这样，公司每焊一个石油罐盖，便会节省一滴焊接剂。虽然每个盖子节省的只是一滴焊接剂，但正是这"一滴"却给公司带来了每年五亿美元的新利润。

这个青年就是日后掌控美国石油业的石油大亨——约翰·戴维森·洛克菲勒。

尽管工作相当枯燥无聊，又极其简单，但洛克菲勒没有灰心失望、急于求成，能应付就应付，能推诿就推诿，而是用心做好手头工作，正因为此，他做出了不俗的成绩，获得了众人的钦佩。

"成以敬业，毁于浮躁。"置身于日新月异的时代中，要想不断提高自身的内涵，就必须摒弃心浮气躁，守住自己的定力，真正沉下心来，俯下身子，踏踏实实做人做事，时刻保持对工作、对生活的绝对掌控。

穷其一生，只为完成一个理想

没有"磨"的过程，如何蓄积力量？任何人的成功都并非一蹴而就，
实现梦想的正途唯有岁月的积累与沉淀。

古人贾岛的《剑客》诗云："十年磨一剑，霜刃未曾试。"可以想象多年刻苦磨炼的人能够凝聚多年心力，其耐心和坚韧不可小觑，而剑刃寒光闪烁，锋利无比，但却未曾试过它的锋芒。虽说"未曾试"，而跃跃欲试之意已流于言外。

然而，在市场经济强烈的冲击下，许多人趋向于急功近利，总幻想不劳而获或者说少劳多获。有人甚至说，十年磨一剑时间太长，是浪费青春、荒芜生命。可是，没有这"磨"的精神，又怎能积蓄力量？

有这样一个故事。

有一位年轻的画家在刚出道时，三年没有卖出去一幅画，这让他很苦恼，于是他去请教一位世界闻名的老画家，想知道为什么自己整整三年居然连一幅画都卖不出去。老画家问他每画一幅画大概用多长时间，他说一般一两天，最多不过三天。老画家微微一笑，说："年轻人，换种方式试试吧，你用三年的时间去画一

幅画，我保证你的画一两天就可以卖出去，最多不会超过三天。"

这个故事虽然结构和情节都非常简单，却告诉我们一个深刻而耐人寻味的道理：所谓"台上一秒钟，台下十年功"，一个人的成就绝不是一蹴而就的，只有静下心来日积月累地积蓄力量，才能够"绳锯木断，水滴石穿"。

长期的磨砺，是为了实现宏大目标的积淀。"十年磨一剑"，为了终有一日的"薄发"，运用"十年磨一剑"的"厚积"。这是一种泰然自若的心态、一种有志竟成的气度，更是一种成就大器的智慧。

为了把《三都赋》写好，西晋著名的辞赋大家左思无论吃饭还是睡觉，时时刻刻都在构思这篇赋的语言文字、思想内容和艺术境界。为了能够及时地把自己突发的灵感记录下来，他无论何时何地都不忘带着纸笔。

苦心人，天不负，十载寒暑过去，左思终于完成了《三都赋》。《三都赋》语言华美、文笔流畅，无论在内容还是形式上都取得了较高的艺术成就。文章一经问世，整个洛阳城为之轰动，大家竞相传抄，洛阳城的纸张变得供不应求，纸价暴涨，有名的"洛阳纸贵"这个成语就是由此而来。

左思用了整整十年才写了一篇足以让他流芳百世的文章，可见大凡成功者绝不是喊几句"我要成功"之类的口号就能轻易实现目标的，他们都付出了常人无法想象的艰辛，他们都耐得住"磨剑"的考验。

我们再来看一个典型事例。

我国有一名青年魔术师，人们称他为"变牌大王"、"中国的皮特·马纬"、"中国的大卫·科波菲尔"。1999 年，在看了国际魔术大师皮特·马纬的牌技光碟之后，他惊呆了：原来纸牌还可以这样玩儿。他暗下决心，一定要刻苦练习，有朝一日超过皮特·马纬。除了模仿之外，他还从中冥思苦索牌技的奥秘。当时身为魔术师的父亲告诉他表演技巧中最根本的是功夫，手上功夫不到家，就是知道了奥秘也根本无济于事。

为了练习魔术手法，这位青年魔术师付出了常人难以想象的努力。他先从一张牌一只手开始,藏牌、抓牌、弹牌,从早到晚重复着相同的手法。一个月后,一张小小的牌被他玩得神出鬼没,他可以伸出右手,先是向观众交代空手心和空手背,然后向空中一抓,手里便抓来一张扑克牌。之后他仍不忘苦练,右手熟了练左手,一张熟了练两张,逐步增加牌数,不断练习,从不间断。就算胳膊和双手练肿了,他也咬牙坚持,毫不懈怠。有时候他甚至一整夜一整夜地练习牌技。为了不让父母担心,他干脆就将自己蒙在被子里练。

十年如一日,这位魔术师的苦练让他向魔术大师一步一步迈进。2005 年 2 月,他可以双手同时在空中抓弹 10 张牌(单手抓弹 5 张),这样的表演已经达到国际魔术大师的水平;2006 年,他可以双手同时在空中抓弹 14 张牌(单手抓弹 7 张),这已经超过了皮特·马纬牌技的水平。虽然取得了这样的成绩,但他并没因此沾沾自喜,而是加倍刻苦、继续磨剑。在 2008 年中国·宝丰第四届魔术文化节舞台之上,他一次双手同时在空中抓来弹出 20 张牌(单手抓弹 10 张),如此手法可谓出神入化。在 2009 年北京第 24 届世界魔术大会上,他的表演十分精彩,多年的付出在那一刻气贯长虹、惊艳全场!

十多载的刻苦钻研与刻意求新,让这位魔术师手中之剑打磨得越来越有名剑的风范,他是名副其实的"十年磨一剑"。因此,人们称赞他美轮美奂的魔术之时,也不得不佩服他"十年磨一剑"的胆识与气魄。

美国人花七年拍摄一部史诗级的电影,德国人花十年设计一套生产线,法国人花 300 年修建一座宫殿;李时珍写《本草纲目》用了 27 年;歌德完成《浮士德》用了 58 年;马克思的《资本论》则穷其一生……

有志者事竟成,十年磨剑,蓄势待发,这是一股永不言败、拼搏向上的精神力量,是沉而后发、成就人生大器的一种智慧。人活的不就是一种精气神儿吗?活就活出个样子来,这就是"剑"的本性。

没有魔术让一个人一夜成功，那么，不懈努力吧

如果时机尚未成熟，不要急躁，耐心地等一等，静观其变、等待时机，这是一种深谋远虑的气度和智慧。

在人生的旅途中有和风细雨、丽日蓝天，也有惊涛骇浪、狂风骤雨，这很容易使我们陷入一种虚浮的状态中。这时候，我们不该日日苦闷、郁积于心，或是放浪不羁、自暴自弃，而是要学会等待、等待、再等待。

然而，等待不是消磨时光、无所作为、庸庸碌碌，而是按兵不动、静观其变，在等待中选择更好的观察视角和更恰当的机会，默默地坚守信念，静静地等待时机。等待时机，是怎样的时机？是天时、地利、人和之机，是一旦要动，就一跃千里，水到渠成。

春暖花开的时候，三只毛毛虫在河边散步，它们看到了对岸繁花似锦，大毛毛虫说要绕过河去赏花，二毛毛虫说要找片树叶漂过去，三毛毛虫一言不发，静静待在原处。几天后，大毛毛虫累死在路上，二毛毛虫被河水淹死了，三毛毛虫却等待着，直到自己结成了一个茧，然后破茧成蝶，扑着翅膀，飞到了对岸花丛中。

是呀！没有船也没有桥，毛毛虫想过一条河谈何容易，简直与登天别无两样。大毛毛虫和二毛毛虫急于求成，强行通过，结果一个累死，一个淹死。三毛毛虫选择了等待，耐心地等待，随着时机的到来，它展开美丽的翅膀飞到对岸。这个

故事寓意犹长，看来想要办成一件事情，如果时机尚未成熟，就需要耐心地等一等，不要轻举妄动，否则欲速则不达，反倒劳而无功。

梅斗霜雪，独立寒枝，那是在等待春天；雪声潇潇，花木入梦，那是在等待晨曦；孤云出岫，一无所系，那是在等待彩虹……等待是把握时机、审慎出击的一种智慧；等待是暂时忍耐、默然悲喜的一种胸怀。例如，楚庄王执政三年，表面故意不理朝政，实则为分辨忠臣奸臣。他顶着压力和嘲讽，"不鸣则已，一鸣惊人"，终成春秋霸主之一。少年康熙深知自己斗不过鳌拜，表明上看来整日与一群亲贵子弟以布库为戏，实则不动声色地操兵练将，最后一举铲除鳌拜集团，开辟了"康乾盛世"。

当今社会，不计其数的人不甘于籍籍无名的现状，急功近利、鲁莽向前。相比之下，静观其变、等待时机，养精蓄锐也好，韬光养晦也罢，就显得弥足珍贵了。不过，能真正做到这一点的人很少，所以成功的人也就很少，这确实值得深思。

1983 年，印度人拉克希米·米塔尔靠进口发电机发迹，可没过几年，印度政府以保护国内产业的名义禁止了发电机的海外进口贸易，他的事业陷入了"低谷"。不过，米塔尔没有气恼，他慷慨地给了自己一个"假期"，走访了韩国、日本、中国台湾等地区，结果寻找到了一个新的经营项目——按键式电话机。

按键式电话机在印度一上市就成为炙手可热的商品，但是米塔尔的电话业务因政府政策的变化再次陷入了困境：印度政府将按键式电话机的生产国产化，并对手机服务商进行公开招标。公开招标的主要对手是包括知名跨国企业在内的印度大型企业，米塔尔的公司与它们相比简直就是小巫见大巫，结果政府将垄断权授予了那些大企业。

这次，米塔尔依然没有抱怨，而是悄悄准备，等待时机。他集中精力制定手机业务的总体规划，并争取与一些著名的外国企业结盟。他认定，那些国际财团在招标上花费了巨额的费用，在几年内会面临巨大的经济危机，甚至破产。

果然，1999 年，印度手机服务业遭遇了严重的危机，许多通信企业因为无力缴纳与政府约定的巨额许可证费用而纷纷倒闭。米塔尔认为"时机已到"，于是低价买进了那些公司的许可证，一口气获得了安德拉、加尔各答、孟买、喀拉拉等地的手机服务经营权，一举成为了印度电信的帝王。

米塔尔之所以能够以强大的气魄敛入财富，取得"电信帝王"的名声和地位，正是他不断积攒实力和耐心等待的结果，正如他在一次演讲中所说："没有魔术让一个人一夜暴富，成功需要不懈努力。"

沉得住气看待世事，观其动静，思其道理，这种"坐看风云起，静观诸事变"的姿态，可以让人超脱世俗，可以让人豁然开朗，并且能够在静静地等待中成就惊世骇俗的豪壮，实在是美哉、善哉！

用所有寂寞的时光为自己鼓掌

铁树沉寂 60 年方开一次花，昙花积聚一个花期只为数小时的盛放。面对寂寞，别逃避，静中念虑澄澈，见心之真体。

历史学家范文澜先生曾撰写过这样一副对联："板凳要坐十年冷，文章不写一句空。"意思是说，但凡做大学问、成就大事者，必须耐得住寂寞。然而，回首于今，我们所遇之人大多情绪躁动、愤世嫉俗，和前人相距千里。

这是因为，寂寞是难耐的，寂寞是清苦的，寂寞是无聊的，寂寞是孤寂的，不抵灯红酒绿的繁华，不如车水马龙的热闹。在当今浮躁功利的社会，能受住寂寞的折磨、守住自己心的人更是少数。

有这样一对孪生兄弟，他们生活在同一个家庭，过着同样的生活，但当他们长大后却有着完全不同的状况：哥哥开了个豆腐坊做豆腐，生意做得红红火火，而弟弟却是一个靠偷窃和勒索为生的瘾君子，后来被送进了监狱。

有意思的是，当记者问到他们为什么会有今天的结果时，他们的回答居然惊人的相同："我出生在一个偏僻贫穷的山村里，日子过得很是清苦，而且因为要照顾年迈的父母，我只能待在这个鸟不拉屎的地方。你说，我还能怎样？"

由此可见，寂寞是一种考验。面对寂寞，有的人能够做出惊人的伟业，有的人却成了寂寞的俘虏；寂寞又是一种坚守，面对寂寞，有的人能够坚守精神的底线，有的人却成了道德的叛徒；寂寞又是一种修炼，面对寂寞，有的人能够感悟出人生的真谛，有的人却跌到了地狱的深渊。

寂寞是人生中难以推脱的事情，如同生活中的喜怒哀乐。既然如此，我们与其备受寂寞的煎熬，不如正视寂寞、耐得住寂寞。其意义在于：能够守住精神的底线、安静躁动的心神、熨帖狂乱的灵魂。在寂寞中默默耕耘，凭借一己良知和理性严格地塑造、鞭策并完善自我。

在寂寞中，屈原悲悯浮生，坚持"举世皆浊我独清"，所以他的《离骚》有着博大的胸怀和高远的境界；在寂寞中，李清照任性挥洒，才有了卓绝千古的绝唱，其遒逸之气俯视巾帼，压倒须眉；在寂寞中，鲁迅先生心系民众苍生，所以他对敌人能够"横眉冷对千夫指"，对人民却又"俯首甘为孺子牛"。

由此可见，大凡成功者都是寂寞而执着的。在虚浮人生中，耐得住寂寞，这是一种难能可贵的沉稳风范，是一个人淡泊明志的良好修养，更是人生的一种自我超越。静中念虑澄澈，见心之真体，这是生命真正成熟的重要标志。

索菲娅·罗兰是意大利的著名影星、光耀夺目的影坛巨星。半个世纪以来，她以动人的风采、卓越的演技给人们留下七十多部影片，被授予奥斯卡终身成就奖。她的一生正是耐得住寂寞的有力证明。

索菲娅·罗兰是一个私生女，她没有见过父亲。第二次世界大战时，六岁的她跟着母亲投奔了那不勒斯的娘家，那是一个贫民区。贫困的处境加之私生女的身份，令索菲娅备受周围小伙伴们的孤立。没有人爱抚、没有人陪伴、没有人分享，索菲娅总是一个人，她睁大眼睛观察着这个世界。

1950 年，索菲娅参加了由一家露天夜总会举办的"罗马小姐"评选，引起了著名制片人卡洛·庞蒂的注意，并在其帮助下进入电影界。但由于从未受过专业训练，索菲娅开始参演的只是一些小配角。为了争取更多的角色，索菲娅愈加刻苦地练习演技，她将自己关在房间里一遍一遍地看电影，耐住了一个又一个寂寞漫长的日日夜夜。

谈及寂寞，索菲娅这样说道："在寂寞中犹如置身于不失真的镜子的房屋里，我正视自己的真实感情，我品尝新思想，修正旧错误，我的内心世界也因此变得更加丰富。"也正是因为如此，索菲娅始终没有让自己受到太多演艺界急功近利、心烦气躁气氛的影响，也始终没有让名利磨去身上那些单纯的东西。《两个女人》、《碧血山河》……她的表演令观众们一次次惊叹、陶醉。

索菲娅·罗兰认为处在孤独之中能正视自己的真实感情，品尝新思想，修正旧错误，内心世界会因此变得更加丰富。可见，在寂寞中冷静思索，把寂寞变成心灵的顿悟、求索的驿站、奋进的起点，在寂寞中悟出人生价值的真谛，这远比在寂寞中唉声叹气更有意义，也更显风范。

这正如近代"国学大师"王国维所说的"人生三境界"："古今之成大事业者、大学问者无不经过三种之境界。昨夜西风凋碧树，独上高楼，望尽天涯路。此第一境界也，也是人生寂寞迷茫，独自寻找目标的阶段。衣带渐宽终不悔，为伊消得人憔悴。此第二境界也，也是人生的孤独追求阶段。众里寻他千百度，蓦然回首，那人却在灯火阑珊处。此第三境界也，也是人生实现目标的阶段。"

在这个浮躁的社会里，在人生最易寂寞的青年时期，懂得品味寂寞，学会运用寂寞，遇事不浮躁、不退缩，在寂寞中冷静思考人生的方向，并在寂寞中提升生命的价值，不求最快，但求最好，不再寂寞便指日可待。

不管人生有多么艰难，熬过了就是成长

> 无论人生如何艰难，我们都要慢慢地熬、耐心地过。在"熬"中增强心智，
> 练就忍耐、沉稳与坚韧，如此我们也就拥有了一份淡定和从容。

有人说，人生像一碗粥，需要文火慢熬；有人说，人生是一碗汤，需要小火慢熬；也有人说，人生如苦药，需要文火慢熬。无论把人生比喻成什么，它都是一种经历，用漫长的时间去经历，这就是"熬"。

"熬"字本身就是"难"字，就是"慢"字，就是"忍"字。在这个漫长的过程中，很多人会在其中彷徨不已、焦躁不安，"今天很残酷，明天更残酷，后天很美好，很多人都倒在黎明前"，一句话道破了"熬"的难度。

不过，人生本身就是一个修炼的过程，急火烧开慢火熬，武火煮开文火炖。"熬至滴水成珠，本身对人生来说就是一个美妙的景象，是一个美好的修炼过程。"这是作家池莉在散文集《熬至滴水成珠》中的一句话。

的确，人生是熬出来的，无论人生如何艰难，我们都要像熬药、熬粥、熬汤那样慢慢地熬、耐心地过，熬是一种能力。"熬"的过程可以增强我们的心智，练就忍耐、沉稳与坚韧，熬比坚持更让人佩服。

来看看丹·波特带领 Omgpop 走向成功的故事就知道了。

2006 年之前，有一个名为 I'm in Like With You 的网站，这是一个供用户交流和玩游戏的社交网络，用户们可以在这里发布聚会和八卦消息。后来，美国人

查尔斯·福尔曼将该网站转型为专业的游戏站点，改名为"Omgpop"，并聘用朋友丹·波特为Omgpop的首席执行官。

尽管公司位于时尚之都纽约，尽管福尔曼和波特非常年轻，在成立公司的六年中，Omgpop公司一共融资1700万美元，开发了35款游戏。但是他们的运气似乎总是差了一点儿，这个游戏没能获得主流用户的认可。与公司的前期投入相比，公司收回来的涓涓细流简直就是杯水车薪，只能在不温不火、垂死挣扎中匍匐前进。

眼看公司很可能被迫倒闭，福尔曼离开了Omgpop另谋发展，波特则选择继续留在公司。他组织起一个五人团队，每天进行游戏研究，他甚至走在街上、待在家中时都在思索如何才能开发出一个好游戏。后来，看到儿子和朋友来回抛接球100次而没有落地，波特突然有了一个开发灵感。

根据这个创意，波特开发出了一款名为《你画我猜》（Draw Something）的游戏。三个星期之后，这款游戏跃升到五十多个国家在付费游戏、免费应用、付费应用等应用分类的首位。今天《你画我猜》的下载量已经达到了1000万次，每天有六百多万的活跃用户，Omgpop也因此而摆脱多年的低迷状态并起死回生。

后来，谈及自己获得成功的原因时，波特不无感慨地回答道："游戏行业就是这样，有时即便你投入了大量的资金，也可能不会有什么成效，这就需要我们有钢铁般的意志，耐得住漫长的等待和煎熬。对于Omgpop，年龄所带来的经验正是其获胜的优势之一，很高兴我们坚持下来了。"

由此我们可以看出，"熬"的过程的确是痛苦的，但它却是锻造意志力最直接的途径、打造成功最有效的方式。

一个"熬"字，多少时光岁月流转，多少点滴琐碎。熬是一种能力，更是一种境界——无畏而淡定，宁静而致远，它能将汗水熬成一座金杯，能将生命熬至永恒……把人生这一锅粥熬出精华，最滋养、最丰厚，也最有余味。

人生是慢慢熬出来的，奥地利诗人里尔克说过一句话："挺住就是一切。"这和"熬"的意思差不多，但是"挺"字远没有"熬"那么传神，其实这一句也可以翻译成"熬住就是一切"。尽下心中五谷，熬出人生百味。

⏱ 时间会让你明白，你刻苦努力的意义

那些意气风发的成功者，无不是勤奋刻苦的楷模，
是勤奋铸就了他们内心的力量，促成了他们生命的辉煌。

有一个好吃懒做的中年人，整天揣着两只手东逛逛，西溜溜，却又总想着发财致富，每隔三两天，他就到教堂祷告一会儿："上帝啊！看在我多年对您的虔诚上，就让我中一次彩票吧！阿门。"

几天后，他又来到教堂，同样祈祷着："上帝啊！您就让我中一次彩票吧，以后我一定更加虔诚地服从您。阿门！"又过了几天，他再次到教堂重复着祷告，但是头等奖都被别人给中了，压根儿就没有他的份儿。

又过了几天，这位中年人变得无比绝望，抱怨说："我的上帝呀！只要我中一次彩票，我愿终生侍奉您，您为什么不聆听我的祈祷呢？"

这时，上帝发出了庄严的声音："可怜的孩子呀！我一直都在聆听你的祷告，可是，最起码你也应该先去买张彩票吧！"

故事中这位中年人成天想着中彩票，却一次也不买彩票，一点儿也不付出，即使上帝发善心真想帮助他，也是没有办法的。这是个发人深省的小故事告诉我

们：要想有所收获，就必须先付出。

然而，生活中有不少人不懂这一道理，成天希冀成功的到来，却不肯付出辛勤的劳动，最后的结果可想而知。不要埋怨自己的收获比别人少，不要感慨人生对自己不公平，为什么不冷静地想一想，你付出了多少呢？

的确，伟大的成功和辛勤的劳动是成正比的，付出多少，相应地就会有多少回报。打一个形象的比喻：我们若想在秋天收获丰硕的果实，春天就不要吝啬手里的种子，将它们播撒并且精心地耕耘，你会发现，你种下什么，秋天就会收获什么，或多或少，若没有播种，又怎会有收获呢？

"业精于勤，荒于嬉"。有的人即使很有天分，但如果他们不勤奋，不能脚踏实地地做事，也会蜕变为碌碌无为的人。方仲永天资聪慧，五岁能作诗，被乡里称为奇才，就在人们纷纷找他作诗之际，他父亲感到从中有利可图，就让他放弃了学习，整天带着他到处吃喝玩乐，结果诗才枯竭，终于"泯然众人矣"。

一个人成功与否，固然与环境、机遇、天赋、学识等外部因素相关联，但更重要的是自身的勤奋与努力。一分耕耘一分收获，勤奋使平凡变得伟大，使庸人变成豪杰。古今中外，那些意气风发的成功者无不是勤奋刻苦的楷模，是勤奋铸就了他们内心的力量，促成了他们生命的辉煌。

例如，张溥抄书抄得手指成茧，写出了《五人墓碑记》这一千古流芳的名篇；李白拥有"铁杵磨成针"之勤，读书读得口舌生疮，故能斗酒诗百篇；杜甫有"读书破万卷"之勤，所以"下笔如有神"；王羲之日日临池学书，以致染黑了池水，后因"矫若惊龙"的草书而被尊称书圣……

只有坚持，勤勤恳恳地付出心血，才会换来实实在在的成功，因此，我们要想在工作中出人头地，达到事业的高峰，享受美好的人生，只有一种途径，那就是勤奋、勤奋、再勤奋，肯下苦功夫，脚踏实地地努力。

一时勤奋并不难做到，但要一生勤奋却不是一件很容易的事情，因为，勤奋是一种持之以恒的精神，需要坚韧不拔的性格和坚强的意志，需要数年如一日地付出心血和挥洒汗水。尼可罗·帕格尼尼的奋斗史就说明了这个道理。

帕格尼尼是意大利小提琴演奏家、作曲家，著名的音乐评论家勃拉兹称帕格尼尼是"操琴弓的魔术师"，歌德评价他"在琴弦上展现了火一样的灵魂"。记者问帕格尼尼："您取得成功的秘诀是什么？"帕格尼尼回答："勤。"这里的"勤"指的就是勤奋，无论在哪里，他都是以勤奋而闻名。

帕格尼尼的父亲是小商人，没受过多少教育，但非常喜爱音乐。他聘请了一位剧院小提琴手教帕格尼尼拉琴，那时帕格尼尼刚满七岁。在同龄人们耽于玩乐时，帕格尼尼每天早上九点钟开始在家练习拉小提琴，一直到下午五六点钟才结束，他从不偷懒，勤勤恳恳，以至于连做梦都在拉琴。就这样，帕格尼尼练就了娴熟的小提琴演奏技法。12岁时，他把《卡马尼奥拉》改编成变奏曲并登台演奏，一举成功，轰动了舆论界。

之后，帕格尼尼开始跟着许多老师学习，包括当时最著名的小提琴家罗拉和指挥家帕埃尔，他依然每天大约用12个小时练习自己的作品。1801年起的五年间，他隐居起来，但是他并没有停止自己的创作，这一时期，他完成了《威尼斯狂欢节》《军队奏鸣曲》《拿破仑奏鸣曲》等六首小提琴，并创造了小提琴与吉他合奏的奏鸣曲，大大丰富了小提琴的表现力。

1825年后，已经功成名就的帕格尼尼大可在家享受生活，但是他对待事业的勤勉丝毫没有消减，他往来于欧洲各地举行演奏自己作品的音乐会，1828年奥地利维也纳、1831年法国巴黎和英国伦敦、1839年马赛，然后去尼斯，这些演出均引起了轰动，也奠定了他国际演奏大师的地位。

可以想象，如果心中没有一个强大的精神支柱，可能谁也坚持不了50年。帕格尼尼50年如一日地勤练小提琴，将勤奋发挥得淋漓尽致，最终印证了爱迪生所说："成功 =1% 的灵感 +99% 的汗水。"

世上没有免费的午餐，上帝总是青睐有准备的人，不付出任何努力，坐等奇迹发生是不可能的。这些想法往往是懒惰者的借口，是虚浮者的托词。如果你想比别人成功，那么请扪心自问，你是否像尼可罗·帕格尼尼那样勤奋学习、勤奋探索、勤奋实践？

美好的东西，永远只在最前方

成功时面对喝彩、鲜花和掌声，反而要冷静、再冷静，保持自制，脚踏实地、不急不躁，进而取得新的进步。

在失败面前，你昂起头来继续前进；在挫折面前，你挺起身来继续抗争；在厄运面前，你咬紧牙关继续搏杀……如今你胜利了，当在胜利的欢呼声中、在成功的凯歌声里，你会怎样呢？是该松一口气的时候了吗？

如果你这样做了，那你就彻底被胜利击倒了。

明朝后期政局腐败，1629 年，李自成提出了"剿兵安民"的口号发动起义。他勇猛，有谋略，军队军纪严明，战斗力强，再加上百姓拥护，得以迅速地扩张发展，最终成为推翻明王朝的主力。1644 年正月，李自成建立大顺政权，年号永昌。同年 3 月 18 日，攻克北京，推翻明王朝。

占领北京时，李自成的军队浩浩荡荡一百余万，一代王朝即将出现在中华民族的历史上。但是很可惜，骄傲自大的情绪开始在起义军队伍里蔓延，骄奢之风日盛，杀人无虚日，抢掠夜继昼。短短 40 天，部队竟然仿佛突然间失去了战斗力——在山海关遇清军一触即溃，从此一蹶不振，走上了灭亡之路。

在眼看天下唾手可得的情况下，李自成和他的军队为什么会失败，而且败得如此之快呢？对这个问题，仁者见仁，智者见智，但最大的问题是：在功成名就面前，面对着喝彩、鲜花和掌声，他们开始头脑发热、骄傲自满，最终被胜利击垮了。

在竞争日益激烈的当代更是如此，那些陶醉于鲜花和掌声中，不能始终脚踏实地的个人和企业，都不可避免地会遭遇失败的下场。福特汽车公司创始人福特一世的经历就是一个"成功是失败之母"的典型例子。

福特一世从 16 岁开始出来打天下，依靠杰出的管理专家和机械专家，他使福特公司发展为世界上最大的汽车公司。但是，面对成功后的荣誉和成绩，福特一世开始忘乎所以，他以为一切都是自己的功劳，逐渐听不进别人的意见，结果导致一批英才纷纷离去，福特公司每况愈下，濒临破产。

一位知名的企业家经常告诫企业员工："企业最好的时候，常常是不好的开端；产品最走红的日子，很可能是滞销的开始。"此言极富哲理，这就需要我们在成功面前保持冷静心态，提防成功所带来的虚浮，寻求心灵的平衡和寂静。

冷静是成功的试金石，是成功的必要因素。那些颇具王者风范之人，定有在成功面前不慌不忙、沉着冷静的特点。也只有这样，他们才能保持自制，脚踏实地、不急不躁，进而取得新的进步，赢得更大的成功！

居里夫人一生崇尚科学，她和丈夫皮埃尔·居里多年潜心进行科学研究。经过三年零九个月的努力，他们发现了放射性新元素镭，居里夫人因此被授予了诺贝尔物理学奖，她是历史上第一个获得诺贝尔奖的女性。

居里夫人胜利了、成功了，来自法国、波兰、德国等地的聘书、荣誉接踵而来，耀眼的光环围绕着她，她应该满足了。在申请专利后，她完全可以每天坐在家中数钞票，享受富足安逸的生活了，至少可以不必天天辛辛苦苦做实验、搞研究了。然而，居里夫人没有这样做，她将提炼镭的方法公布于众。为了躲避繁忙的社交活动和频频的记者采访，她像逃难者一样化了装藏到偏僻的乡村，继续进行深入细致而又艰苦卓绝的研究工作。1911年，她又因发现放射性元素钋获得诺贝尔化学奖。一位女科学家在不到十年的时间里，两次在两个不同的科学领域里获得世界科学的最高奖，这在世界科学史上是独一无二的事情。

在胜利面前，居里夫人清醒而谦虚；在成功面前，她冷静而奋发。"海阔天做岸，山高我为峰"。她把胜利踩在了脚下，从一个胜利走向了另一个胜利，从一个成功走向了另一个成功。

胜利了，世人知道你姓什么；成功了，世人知道你叫什么。无论什么时候都要保持清醒的头脑，冷静、再冷静，再接再厉，千万别倒在成功的脚下。

贝利是20世纪最伟大的足球明星之一，被喜爱他的人尊为"球王"。在他二十多年的足球生涯中，总共参加过1364场比赛，共踢进1282个球，而且创造了一个队员在一场比赛中射进八个球的纪录。有记者采访他时问："您认为自己哪个球踢得最好？"贝利意味深长地回答："下一个！"

是的，取得小成就后不要骄傲，请继续努力吧，还有更大的成功等着我们呢。

第 | 五辑
只要笑一笑，失败也没什么大不了

挫折不是惩罚，而是学习的机会。因为挫折让你反思，反思让你坚定。失败和挫折，是一个人最大的学习机会。学着原谅失败，在失败中汲取教训，你会越来越好。

淡然面对人生的起落，明天会更好

淡然看待人生的起落，拥有一种能屈能伸的弹力，才是做人的成熟和智慧。

俗话说"三起三落是人生"，人生有太多的意外，亦有太多的不可知，并不总是处处遂人所愿。这时我们陷入痛苦之中实属自然，但是若让痛苦主宰自己的生活，那么我们的人生就注定是一场悲剧。

吉米是某公司管理科的一名普通职员，他工作非常努力，人也很有上进心，大家都认为他很想升为科长。公司经理对吉米的工作很认可，后来真的提拔他做了科长。每天办公、开会，忙进忙出，吉米在兴奋中难掩骄傲的神色。

可是过了一年，公司人事变动，吉米又"下台"了，被调到业务部当职员。这一打击使他难以承受，重新当了职员后，他时常哀叹命运不公，日渐消沉，后来变成一个愤世嫉俗的人，再也没有升过职。

先上台又下台，吉米沉浮的职场境遇值得同情。但是，上台时非常自在，下台却黯然神伤，他的这种反应不值得提倡，因为他没能用平常心应对人生中的起伏，也没人会欣赏自怨自艾、自暴自弃的人。

其实，茶和人生很像。凝神观看杯中那沉浮的茶叶，同样是上好的铁观音，用温水沏成的茶，茶叶就轻轻地浮在水面上，没有沉浮，茶叶便不能散发清香；用沸水冲沏的茶，冲沏了一次又一次，浮了又沉，沉了又浮，茶叶就释放出它春雨般的清幽、夏阳似的炙热、秋风似的醇厚、冬霜似的清冽……

人生如茶，品茶如品人生。红尘中的芸芸众生，又何尝不是茶呢？那些不经历起起落落的人，一辈子很平顺，就像温水沏的淡茶平静地悬浮着，弥漫不出生命和智慧的清香。那些栉风沐雨、饱经沧桑的人，就像被沸水沏了一次又一次的茶，沉沉浮浮中溢出了生命的一缕缕清香。

　　如果把人生比作舞台，那么上台下台就是再平常不过的事情。上台当然自在，下台难免神伤，这是人之常情。可是，只有上台下台都自在，主角配角都能演的人才是真正的强者和智者。自在的心情是面对人生一种能屈能伸的弹性，而这种弹性不但会让你的人生获得安顿，也会为你寻得再放光芒的机会。

　　事实证明，世界是公平的，观众是公正的，不是还有"最佳配角奖"吗？一个优秀的配角总比一个蹩脚的主角要光荣得多，观众也乐于钦佩那些台上台下都自在的人。用平常心应对人生起伏，扮演好配角，并且想办法精练你的"演技"，一样会获得掌声，再度独挑大梁的机会终有一天会不请自到。

　　真正演戏的人可以拒绝当配角，甚至可以从此退出那个圈子。可是，在人生的舞台上，要退出并不容易，你需要生活，这就是人生，这就是现实。一个真正想成就一番事业的人，身上必定有一股从容的气度。他们淡看人生起起伏伏，不以一时一事的顺利为念，也不会为一时的阻碍所困扰。

　　总而言之，人生的际遇是变化多端、难以预料的，都逃不过起起伏伏。碰到这种时候，我们就应有"台上台下都自在，主角配角都能演"的心态，这种进退自如就是《菜根谭》所谓的"宠辱不惊，闲看庭前花开花落；去留无意，漫随天外云卷云舒"，最能显示一个人的心怀和气度。

只要笑一笑，失败也没什么大不了

只要我们拥有足够宽广的心怀，笑着认真面对失败，

那么就能从失败的痛苦阴影中走出来，

为发展积蓄能量，为成功奠定基础。

自认为非常完美的策划，结果被公司上层说得一无是处；自信满满地参加某一场比赛，却以没有入围而终；第一次谈恋爱，却以分手告终……对大多数人而言，人生最糟糕的事情莫过于品尝失败的滋味了。

但是，在这风云四起、变幻莫测之时，我们不能沉沦于失败的打击中一蹶不振，无法自拔，否则失败的心理阴影会一次又一次地遮盖未来的天空，使我们不知不觉地重复失败的老路，如此也许将永远没有重新开始的机会。正如一句箴言："你若在失败之日胆怯，你的力量就要变得微不足道。"

例如，楚汉相争，刘邦败多胜少，而项羽是胜多败少，甚至只败过一场——垓下之围。面对失败，堂堂七尺男儿项羽完全可以忍辱负重，东山再起，毕竟"江东子弟多才俊，卷土重来未可知"。但是，他无法坦然面对自己的失败，上演了一出"乌江自刎"的悲剧，被失败一次性打垮。

事实上，面对失败，正确的方法是坦然处之、微笑面对。

纵览古今，但凡能有一番成就者，在他们的漫漫人生路上并非鲜花满地，反之倒是荆棘更多一些：事业未成，先尝苦果；壮志未酬，先遭失败。但是，他们

却拥有一份难得的气度，在艰难和不幸的日子里能伸能屈、宠辱不惊，成败坦然，进而化被动为主动，不断地前行、再前行。

施利华是一名叱咤泰国商界的风云人物，他曾是一家股票公司的经理，后转而炒房地产，把所有积蓄和银行贷款全都投入到了房地产生意，甚至在曼谷市郊盖了十几幢配有高尔夫球场的豪华别墅。

但是时运不济，1997 年 7 月，亚洲金融风暴席卷泰国，泰铢贬值。别墅卖不出去，贷款还不起，施利华只好眼睁睁地看着别墅被银行没收，自己的房子也被拿去抵押。除了一身债，施利华这个昔日的亿万富翁变得一无所有。

面对失败的打击，施利华没有沮丧或者抱怨，而是说了一句："好哇！又可以从头再来了！"他从容地走进街头小贩的行列沿街叫卖三明治。几年后，施利华的小本生意越做越好，实现了东山再起的梦想。1998 年，泰国《民族报》评选"泰国十大杰出企业家"，结果，施利华名列榜首。

对于自己的成功，施利华解释道："在人生的旅途中，如果你奋斗了、努力了、拼搏了，但你依然屡遭挫折、连栽跟头，也不用抱怨命运的不公，而是要笑对失败。如果没有那次失败，我就没有机会享受从头做起的快乐，更没有时间享受和爱人一起吃苦的幸福，所以我得感谢那次失败。"

失败没什么大不了，不过是从头再来。能够这样想的人，心中总有一股强大的信念，必是心胸宽广、眼光高远、潇洒自信之人，他们会将暂时的失败忘记，从失败的痛苦阴影中走出来，这样就为发展积蓄了能量，为成功奠定了基础。

下面是一位美国人的"败绩"，看完之后，你是否会觉悟点儿什么？

8 岁时，被赶出居住的地方，他必须靠做工来谋生；

21 岁时，经商失败；

22 岁时，角逐州议员落选；

24 岁时，向朋友借钱经商再度失败，后来花了 17 年时间才把债务还清；

26 岁时，爱侣去世；

27 岁时，精神崩溃，卧床六个月；

29 岁时，参加国会大选失败；

36 岁时，角逐联邦议员，再度失败；

40 岁时，寻求众议员连任，失败；

41 岁时，想担任州土地局局长，但被拒绝；

46 岁时，竞选国会参议员，再度失败；

47 岁时，争取副总统提名，落选；

49 岁时，再度竞选国会参议员，再度失败。

这个一再失败的人就是美国第 16 任总统林肯，他当选总统时已 52 岁。无数次的失败并没有击倒林肯，而是终于把他推向人生的高峰。假使没有遭遇过失败，他恐怕不能得到最终的胜利。对于有骨气、有作为的人，失败反而会增加他们的决心与勇气。许多人的成功就是受赐于先前的种种失败。

所以，不妨坦然笑对失败，最关键的是要冷静下来，理智地接受和承认现实，并进一步分析原因："这次我为什么会失败"、"我应该如何做才能将失败的损失降到最低"、"我能够从这次失败中学到什么"、"下次遇到这样的事情我应该怎么做"……从每一次失败中汲取教训，从而在下一次能有较好的表现。

俗语说"失败是成功之母"，换言之，成功包含着失败，失败是有价值的。失败是一次次检视自我、锻炼自我、提高自我的机会，进而完成一次次难得的自我蜕变。你想要取得成功，就必须以失败为阶梯。所以，我们要感谢失败带给我们的宝贵经验，感谢失败带给我们的宝贵财富。

莎士比亚说："聪明人永远不会坐在那里为他们的损失而哀叹，却情愿去寻找办法来弥补他们的损失。"对自己的失败坦然一笑，把注意力放在解决问题上，不得不说，这种气度真的很难得，这种人比任何人都值得尊敬。

在发明电灯的过程中，爱迪生几乎把自己的精力都投在了试验上。为了寻找到制作灯丝的材料，爱迪生先用炭化物质做试验，失败后又以金属铂与铱高熔点合金做灯丝试验，先后共进行了 5000 多次不同的试验，结果都失败了。

有人对爱迪生劝诫道："爱迪生先生，您已经进行了 5000 次实验，失败了 5000 次，放弃吧。"

爱迪生轻轻一笑，回答道："先生，你错了，我没有失败 5000 次，是成功了 5000 次，我成功地证明了那 5000 多种材料不适合做灯丝而已。"

1879 年 12 月 31 日，爱迪生向世界展示了用电灯发光照明。

这就是爱迪生对待失败的态度。

事实上，爱迪生失败了不止 5000 次，才最终发明了灯泡。作为史上最富创造力、最多产的科学家，他的一条名言是："失败也是我需要的，它和成功对我一样有价值。只有在我知道一切做不好的方法以后，我才能知道做好一件工作的方法是什么。"他每每从失败中汲取教训、总结经验，从而取得一项项建立在无数次失败基础之上的发明成果。

是雄鹰，就应该搏击长空，不畏失败，在蓝天的怀抱中释放生命的振奋；是猛虎，就应该腾跃于丛岭，不畏失败，在大地的胸膛上体验生命的昂扬；是蛟龙，就应该潜游于深水，不畏失败，在大海的血液里成就生命的灵性。

一个人是否会在失败中沉沦，主要取决于他是否拥有足够宽广的心怀、能否善待自己的失败。面对失败，多一些坦然，少一些忧虑；多一些微笑，少一些苦闷；多一些总结，少一些埋怨；多一些坚强，少一些懦弱；多一些奋斗，少一些松懈。懂得了这个道理，失败还有什么可怕的呢？

人生遗憾之事，莫过于得意忘形

得意时做到矜持低调、不事张扬，得志而不得意，冷静地看待自己，
淡然地看待成功，这是一种难得的气度。

从古到今，从伟人到平民，每个人的生活中或多或少都会有得意之时，如找到一份称心如意的工作、受到上司的重视和重用、买股票狠狠地赚了一笔钱等。得意是生活给我们的奖赏，平心而论，得意的事情越多越好。

但是，如果被一时的成就冲昏了头脑，被各种荣誉、鲜花和掌声包围，心变得浮躁起来、激动起来，变得飘飘然，甚至忘了自己是谁，自以为是，目中无人，使恶念和恶行乘隙而入，那么就可能离失败不远了。想来，人生遗憾之事，莫过于此。

得意忘形带来祸殃的事情，在历史上屡见不鲜。

比如，韩信是中国古代一位有名的大元帅，他智勇双全，出生入死，南征北战，辅助刘邦打败楚霸王项羽，对于汉王朝的建立可谓功莫大焉，正如司马光所说："汉之所以得天下，大抵皆韩信之功也。"但是，刘邦对韩信并不感恩戴德，反而毫不犹豫地向他举起了屠刀。这是为什么呢？韩信之所以不得善终，问题的关键在于他欠缺坚定的意志力，没能跨越得意那道坎儿。

作为一名卓越的军事将领，韩信实在厉害，他熟谙兵法，用兵灵活，明修栈道、暗度陈仓、背水为营、拔帜易帜、半渡而击、四面楚歌、十面埋伏等，无一败绩，伐魏、灭赵、平齐，替刘邦拿下了大半壁江山。

随着功劳渐大，军权渐重，韩信开始居功自傲、得意忘形。有一次，刘邦与韩信一起散步，谈论众将之才，刘邦问韩信："你看我能带多少兵？"韩信斜了刘邦一眼，回答说："最多不过十万。"刘邦心有不悦，又问："那么你呢？"韩信傲气十足地说："多多益善。"

韩信自以为功高，以此自矜，且又盛气凌人，出入带有严密的警卫，甚至公然违规使用仪仗队，屡次违背刘邦的意思。特别是当刘邦被围荥阳的时候，他居然威胁刘邦封自己为齐王。天下已定之时，他放不下昔日的光芒，放不下占据政治中心舞台的欲望，时不时地还想谋反、自立为王的事，这些都犯了为人臣之大忌，韩信的人生悲剧已经注定，最终因"图谋造反"罪被杀。

古诗云："春风得意马蹄疾，一朝看尽长安花！""人生得意须尽欢，莫使金樽空对月。"一个人春风得意时往往会高兴得忘乎所以。其实，人生最险得意时，人恰恰在得意时更须培养一种气度，保持自持与自制，得志而不得意。

得志之时，往往手捧花环、万人簇拥。这时候，保持一份清醒的头脑、冷静理智地看待自己是一件极其困难的事情。那些看透人生原本存在不完美之人，则多能保持自制、矜持低调、不事张扬，以淡然的心态看待一切，进而正确地判断局势，做出合宜的言行。

谢安是东晋的丞相、政治家，他性格沉静，临危不慌乱，得意不忘形，具有温雅儒将风度，人喻之为诸葛孔明。东晋皇权日益衰落，世家大族把持朝政，出于天下的召唤，在东山隐居多年的谢安出山，时年40岁。

谢安出山时被桓温任命为司马，他对将领一个个地亲自拜访，尽力加以抚慰。谢安的弟弟谢万也很有才气，年纪轻轻就颇有名气，气度却不如谢安，擅长自我炫耀，时常对将士们摆出一副名士派头，而不知抚绥部众。谢安对弟弟的这种做法非常忧虑，经常劝诫说："你身为元帅，理应经常交接诸将，以取悦部众之心。像你这样得意忘形，怎么能够成事呢？"

公元 376 年，孝武帝司马曜开始亲政，谢安先是被任命为尚书仆射兼吏部尚书，与尚书令王彪之一起执掌朝政。数月后，又兼总中书省，实际上总揽了东晋的朝政。面对这样的"连跳"，很多人会激动得合不拢嘴、睡不着觉，但谢安没有得意，没有被大权在握的喜悦冲昏头脑，取司马而代之或是另立傀儡皇帝以挟之，而是以大局为重，不仅调和了东晋内部矛盾，还在淝水之战中击败前秦，此后并北伐夺回了大片领土。

谢安有着运筹帷幄、决胜千里的大将风度，他指挥的淝水之战留下很多成语：投鞭断流、风声鹤唳、草木皆兵。前线酣战之时，谢安正与一个朋友在家中下棋。淝水捷报传来，谢安略看一眼，便放置一边，继续与朋友下棋。棋局结束，朋友问及，谢安轻描淡写地说道："小儿辈，破大贼。"

越是肤浅的人，越是得意忘形、自命不凡；越是深厚的人，越诚信笃形、保持低调。从谢安连升三级、大战告捷却丝毫没有得意忘形、忘乎所以的经历中，我们可以看到谢安之所以美誉为"定力天下第一，所以能成天下第一之功"的奥秘所在。

记住，得意只是生活的点缀，却不是生活的常态。人可以"得志"，但切莫"得意"。冷静地看待自己，淡然地看待成功，这是一种成功者必备的品质，也是能够保护自己、发展自我、成就自我的秘诀。

人生不总是美妙动人，还有一段旅程叫失意

得意之时，莫过喜；失意之时，莫过悲。这既是一种超凡脱俗的生存智慧，也是一种战胜自我的豁达大度，更是一种充满哲理的做人境界。

上帝是公平公正的，人生有得意也有失意，几乎每个人都会遇到大大小小的挫折或失败，这是在所难免的。不可否认，失意会使人不可避免地产生焦虑、烦躁、懊悔等情绪，但是我们切莫因失意忘形。

所谓"失意忘形"，是与"得意忘形"相对应的。"失意忘形"是一种自轻自贱，也可以说是自暴自弃的行为。生活中经常有这样一些人，他们面对挫折或失败不能自拔，结果使自己更加悲观、消沉，甚至堕落，陷入了抱怨和诅咒命运的怪圈中，自卑自怜地度过一生，毫无作为。

王宏是一位名副其实的"海龟"，他在美国某知名大学修了工程管理课程，以优异的成绩毕业，可谓才华出众。他毕业回国后，几乎周围所有人都看好他的未来，但事实并非如此。为什么会这样呢？

原来在求职过程中，王宏希望自己能够坐上经理类的职位，但是一直未能如愿，他只好勉强在一家化工企业做人力资源主管。王宏觉得待遇太差，内心感到莫大失落，错误地认为组织上对他不信任，甚至有负于他。于是，他工作时不是无精打采，就是心不在焉，或者经常拿着电话说个没完。

这种不敬业的态度严重地影响到了王宏的工作质量，所以厂长始终没有提拔

114

他。王宏因得不到嘉奖和升迁，便变本加厉地不敬业，郁闷之余竟然开始收受个别员工贿赂谎报绩效，结果被发现后惨遭开除。

本事例中，王宏的经历不正是失意忘形、致使灾祸的典型案例吗？的确，人生失意的时候容易失态，心态难以平衡，如此就不知道自己的未来，于是消极和绝望就会乘虚而入，导致失意忘形。无论是对个人、家庭而言，还是对一个单位或社会而言，失意忘形的危害往往大于得意忘形。

一个成功的拳击运动员曾说过这样一句话："比赛的时候，当你的左眼被打伤时，右眼还得睁得大大的，才能够看清敌人，也才能够有机会还手。如果右眼同时闭上，那么不但右眼也要挨拳，恐怕命都难保！"拳击是这样，我们的人生也是这样，即使遭遇了再不顺心的事情，陷入了再糟糕的困境，我们也不应该自怨自艾、悲观失望，而是要充满希望地睁大眼睛，想着如何将自己从眼前的不幸中解脱出来。

失意不能失志，失意不是失败，它是成功的基础，是一个思考反省的过程，为成功打下了地基。身在严酷的境遇之中，不为悲观的思想所萦绕，不屈服于命运的摆布，善于运用一切可以利用的条件和命运作斗争，最终我们就有机会沐浴在明媚的阳光里，感受到生活的甜美和丰盈。

"二战"后的德国，满目疮痍。此时，两个美国记者有一段精彩的对话：

甲问："你看他们能重建家园吗？"

乙答："会的，一定能！"

甲又问："你为什么那么肯定？"

乙反问："你看到他们在黑暗的地下室的桌子上放着什么了吗？"

甲说："一瓶鲜花！"

"任何一个民族在这样艰难困苦的时候还没忘记鲜花，还有什么困难不能战胜的？他们一定能够很快在这片废墟上重建家园！"乙说道。

这段经典的对话流传了很久。的确，在黑暗的地下室的桌子上放一瓶鲜花，这一个小小的举动彰显出一个国家的内心强大。也正因为此，"二战"后废墟般的德国建设成为当今世界三大经济、科技强国之一。

在遇到挫折或失败时，聪明的人知道一味地沉浸于消极情绪中是有害的，他们知道生活的重点是什么，他们会对自己的失意坦然一笑，把注意力放在解决问题上，这样的人才会远离生活的烦恼，得到命运的垂青。

苏轼，北宋的一个大文豪，他才智超群，学富五车，按理说他的人生应该是一帆风顺的，只可惜事实恰恰相反。苏轼的一生命运多舛时运不济，他一再被政敌排挤，几次被贬谪，还差点儿走上断头台。但是，他没有自暴自弃，而是用豪放豁达的性格将失意洗涤，尽量追求人生的意义与生活的乐趣。

首先，苏轼开始潜心研究文学，习字作文，写下"乱石穿空，惊涛拍岸……人生如梦，一尊还酹江月"等诗句，气势磅礴，格调雄浑，其境界之宏大、魄力之雄伟，将一腔赤心报国、壮志难酬的感慨表现得淋漓尽致。

《赤壁赋》是苏轼创作上的高峰，这一篇充满人生得失哲理的千古美文，就是苏轼被贬黄州时所作。

后来，苏轼爱上了烹饪这一行，且屡屡创新，花样百出。仅在流放黄州、惠州期间，他就开发出了二十多道菜肴，苏式炖肉、煮鱼等一直食用到今日，广受好评；在惠州流放期间，他还研制出一种好酒，取名为"真一酒"。

此外，苏轼虽然出身书香门第，不过在流放期间，在"无事以当贵，早寝以当富，安步以当车，晚食以当肉"的窘境下，他却能放下身段，务农自娱。比如，在黄州流放时期，他不以为苦，反以为乐，率领一家老小清除断壁残垣、焚烧杂草、开荒播种、喂养家禽，实现了丰衣足食。

苏轼一生怀才不遇、命运多舛，但是这些人生的失意没有压垮他，反而使他从哀伤中振奋起来，成为了一个千古难得一见的大文豪、大美食家……是什么力量使他在失意中自强不息呢？就心理学而言，这皆因为他能以一颗平常心来面对世间的得失进退，他备受后人推崇也正是因为这种旷世情怀。

同时，苏轼的做法也给我们带来了启发：人生不可能一帆风顺，遭逢逆境，不要气馁，不要自我放弃，寄情于所好，发展专长，积极营造快乐的生活，终臻人生的化境。"人有悲欢离合，月有阴晴圆缺，此事古难全"、"大江东去，浪淘尽，千古风流人物……"这些词句无不蕴涵着苏轼在失意之时的生活态度。

在《探索人生的意义》这本书中，美国作者兼学者葛尼斯有一段话很有意义："我曾是集中营里的囚犯。我永远记得，即使在那样暗无天日的悲惨情况下，有人仍是沿着牢房的廊檐安慰他人，或是拿出仅剩的面包分给同伴。也许这些人只是少数，但他们证实了一件事：外在环境或许会剥夺人的一切，但夺不走他最后的自由，那就是在恶劣的情况下，他仍有自由选择自己的处世态度及方式。"

只有非常的境遇才可以试验出一个人的品格，只有在失意之时才能显示出非常的气节。

俄国作家苏霍姆林斯基说过："人生在世不总是一帆风顺和美妙动人的。"是啊！在这不完美的世界里，谁没有失意的时候呢？重要的是，失意的过程往往是获得真知的过程，如果我们从中分析原因，汲取教训，完善自己，避免今后再走相同的或相似的弯路，那么我们已实实在在地踏上了成功的路。

如何选择完全在于你的心态，在于你的心胸宽广与否。

一个真正的强者，能屈能伸

眼光长远的人不会计较一时的得与失，不会为暂时的屈辱或荣耀而动容，故而能忍常人所不能忍，终成他人所未成之事。

人生之路必然有风起浪涌时，如果迎面与之搏击，很可能会撞得头破血流，船毁人亡，难有东山再起之日。此时，何不灵活一下，能站起来就站起来，站不起来就见机"屈"一下，哪怕舍万乘之尊，也要等待适宜的时机。

历史上多少风云人物、英雄豪杰都因能屈能伸，最终叱咤风云、所向披靡。例如，张公艺九世同居，只以忍为题目；张良忍辱下桥取履，终为帝王之师；韩信忍胯下之辱，统率百万大军，终于拜将封王；刘备隐忍苟活、寄人篱下，终成帝王大业；司马懿忍辱负重，终挫诸葛亮之计谋。

有个成语叫"忍辱负重"，不忍辱又怎能负重？是的，聪明的人不会计较一时的得与失，不会为暂时的屈辱或荣耀而动容，他们考虑更多的是以后的发展和最终的胜利，为此他们能在对自己形势不利的情况下含垢忍辱，忍常人所不能忍。

其中，历史上忍辱最艰难、最成功的要属周文王姬昌了。

商朝末年，商纣王对内沉溺于酒色、奢靡腐化，对外残忍暴虐、荼毒生灵，使得民不聊生，国势日渐衰微。此时，生活在陕西渭水流域的周族首领姬昌广施仁德、礼贤下士、发展生产，深得人民的拥戴，结果被殷纣王怀疑不忠而被囚于羑里城（今河南安阳），而且一关就是七年。

姬昌入狱时已是八十多岁的老人，他深知自己处境险恶，到处都是纣王的眼线，所以言行举止十分谨慎，饭不多吃一口，话不多说一句，白天做苦役，晚上睡地窖。有人与之交谈时，他必先拜谢纣王的不杀之恩，表现得十分虔诚，但是，纣王却以种种野蛮手段对其进行侮辱和折磨，最狠毒的就是将姬昌的长子伯邑考残忍杀害，烹成肉羹，派人送给姬昌食用，以检验姬昌算卦是不是准确。

姬昌看到肉汤，知道这是爱子的血肉，也很清楚这是纣王来试探他。如果不吃，纣王必定会猜疑，立即加害于己，于是他强忍悲痛，若无其事地把肉汤喝了。纣王听了汇报，自鸣得意地对手下人说："谁说姬昌是圣人？喝自己儿子的肉煮成的汤都不知道！"从此，放松了对姬昌的警惕。

就这样，姬昌在被囚期间潜心研究、发奋治学，最终完成了六经之首、又影响深远的《周易》。除此之外，他也完成了举兵伐商的伟大构想。后来，回到自己的领地之后，他暗中招兵买马，扩充实力，带领儿子姬发（即周武王）与纣王对抗，终使纣王大败无路，纵火自焚，进而建立了大周朝。

七年之役，喝子之汤、食子之肉，这需要何等的忍耐啊？只能说姬昌能够"忍难忍处"，胸藏智识、腹隐韬略，故"古之所谓豪杰之士，必有过人之节，人情有所不能忍者。匹夫见辱，拔剑而起，挺身而斗，此不足为勇也。天下有大勇者，猝然临之而不惊，无故加之而不怒；此其所挟持者甚大，而其志甚远也"。

试想，如果周文王姬昌不能舍弃尊位，忍受商纣王的欺辱和折磨，当时一气之下宁折不弯地反抗商纣王、拒食其子肉羹，恐怕性命是难保的，哪里还有被放回领地的机会，更别说施展自己的满腹韬略，又怎会有后来建立大周的伟业呢？

当然，能伸也能屈，舍万乘之尊，这需要大见识、大度量、大胸襟、大气魄。那些缺乏胸襟气度、目光短浅的人稍有不顺便不满于心，进而呼天抢地，这些人只能沦为世人的笑柄，成为我们引以为戒的对象。

甲乙两位高等学府的高才生，毕业后同时被一家著名的公司聘用。由于两人缺乏实践经验，被安排到车间搞统计，天天和报表打交道，所学的知识派不上用场。乙抱怨工作太累、工资太低，一段时间后拂袖而去，跳槽到别的单位；甲却坚持留了下来，并踏踏实实地工作。

十年后的一天，甲在人才招聘市场意外地巧遇了乙，此时甲已是这家公司的副总经理，年薪翻了好几倍；乙连跳十多次槽也未被重用，十年内没有干出任何业绩，还在和十年前一样苦苦寻找工作。

乙非常不理解地问甲："我们在同一个起点出发，为什么成就如此不同？"

"道理很简单，"甲轻轻一笑，回答道，"当今高才生比比皆是，用人单位怎敢一开始就重用你，让你'伸'呢？而是要先在'屈'中考验你的本事和品德。一味地弃'屈'，只会导致难'伸'。"

听了甲的话，乙深深地埋下了头，久久无语。

可见，"屈"不等于懦弱，不意味着屈服，也不是让人不思进取、逆来顺受，暂时的退让，是为了保存和积蓄力量，是在等待反击的机会，是为了寻找更好的策略和道路，是为了求得长久的事业和理想。这就像袋鼠奔跑一样，屈腿是为了积蓄力量，把全身的力量凝聚到发力点上，然后将身跃起，以达到最远最高的目标。

无论是选择"屈"还是"伸"，都需要大无畏的精神，有时候"屈"更加需要决心和勇气，因为"屈"往往意味着要在最黑暗的时刻、最卑贱的时刻、最痛苦的时刻。不去计较面子、身份、地位，也不要急着出头，屈辱地活下来，这种时刻最容易让人沉不住气，也是最考验人的时刻。

"屈"是一种眼光和度量，是深刻而有力量的，是雄才伟略的表现。一个人若是达到了屈伸自如的境地，那世界上的困难、厄运和耻辱全都在屈伸的转换中化作奋起的力量。你说，他如何能不成功？他如何不是真正的强者？

做一株低头的麦穗

大智若愚的人多是拥有大智慧的。不爱显露才华，不喜锋芒毕露，心平气和、遇乱不惧、受宠不惊、受辱不躁、含而不露、隐而不显，如此也就赢得了至诚、至善、志远的人生。

天下广阔，芸芸众生，人与人之间自然存在着个体差异，个人的素养和品质也同样存在差距。我们不难发现，生活中有看似聪明过头的人，也有貌如拙手笨足的人；有的人意气风发、精神抖擞，有的人则沉默寡言、为人低调。

聪明本是一件幸运之事，但是有些人唯恐他人慧眼不识英雄，极尽表演之能事，到处炫耀自己如何聪明，目空一切，自以为是，仿佛只有自己才是饱学之士、才富五车，如此就不是幸事了，结果不但不能取得别人由衷的敬佩和信任，反而会作茧自缚，引火烧身，自掘坟墓。

三国时期著名谋士杨修的经历和遭遇算是聪明反被聪明误的突出典型，足以让人感叹：小聪明之人，最终让人怜之不足，鄙之有余。

东汉末年的杨修是个文学家，他才思敏捷、灵巧机智，是位能言善辩之士，深受曹操的赏识和重用，官居主簿，典领文书。如此种种，使杨修自知自己聪明非凡，故因恃才放旷、无所顾忌，数犯曹操之忌。

一次，曹操欲建造花园，动工前审阅设计图纸时什么也没说，只在园门上写了一个"活"字，本是有意和工匠们斗智，而杨修却自作聪明地揭破谜底，还四处张扬说："此乃'阔'意，丞相嫌园门设计得太大了。"这委实是不知趣。

曹操为了考验周围文臣武将的才智，将塞北送来的一盒奶酥盒上竖写了"一合酥"三个字，杨修把曹操的"一合酥"给大臣们分吃了，还从容地回答："盒上明明写着'一人一口酥'，我等岂敢违丞相之命乎？"曹操表面虽然嬉笑，心头却很忌恨杨修。

为了防范行刺，曹操忍痛杀近侍、装作梦中杀人、假装痛哭，又费力厚葬近侍。但曹操没有想到的是，杨修却一针见血地指出曹操是故意装洋蒜，使这场戏白演了。杨修虽是出于正义，但也很没有策略。

后来，曹操平汉中时连吃败仗，他欲进兵，怕马超拒守，欲收兵，又恐蜀兵耻笑，心中犹豫不决。军士今晚口令，适逢庖官进鸡汤，他就随口说了一句"鸡肋"，士兵们都不知道是什么意思，只有杨修开始马上收拾行李，并对别人说："魏王今进不能胜，退恐人笑，在此无益，不如早归。"曹操看到尚未颁布任何退兵命令，而全军上下早已一片班师回家之势，不免恼怒，一问方知又是杨修所为。曹操早忌恨杨修才高于己，今见其又猜透了自己的心事，便以扰乱军心定罪，杀了杨修。

曹操因杀杨修而背了千载"嫉贤妒能"的恶名，但是这何尝不是杨修自制苦果？他自恃聪明、过分外露，不识时务地显其才、炫其能，这就等于贬低了曹操的才智。他注定成不了大气候，被杀自是难免。

诚然，有人喜欢小聪明的机灵乖巧，有人羡慕小聪明的八面玲珑，我们甚至可以说每个人或多或少都有自己的小聪明。但是，小聪明不能一味地去炫耀、不懂得适度地收敛，因为这是一种肤浅的表现。更重要的是，当小聪明的手段被识破时，小聪明也就不是聪明了，只能是埋没了别人，毁了自己。

培根指出："生活中有许多人徒然具有一副聪明的外貌，却并没有聪明的实质——'小聪明，大糊涂'。"

俗话说"是金子总会发光"，如果你是真正的聪明，就不要总是在别人面前随便地"卖弄"，虽然心知肚明，但不显山露水、炫耀自夸，如此才是大聪明。所谓"真人不露相，露相不真人"、"一瓶子的水不响，半瓶子的水叮当响"，大智若愚的人多是拥有大智慧的。道理就是这么简单，却又无比深奥。

大智慧不是每个人都具有的，它取决于各人的学历、知识、修养、性格、素质等，这还是一件"冰冻三尺，非一日之寒"之功。不过，要拥有大智慧，首先必须是一个豁达的人，不会处处锋芒毕露，善于藏匿自己的智慧，能够适时地把握自己，如此才能成就至诚、至善、志远的人生。

艾森豪威尔是一个绝顶聪明之人，否则他无法策划史上最大规模的军事行动诺曼底登陆，也不可能是美国历史上唯一一个当上总统的五星上将，但是他在众人面前总是非常注意收敛自己的才智。

从总统岗位退休后，艾森豪威尔一直静居于葛底斯堡。有一次，几位年轻有为的将军前来造访，艾森豪威尔和他们天南地北，无所不谈，慢慢谈到越战。其中一位将军谈得兴起，引经据典地说，希罗多德在撰文分析伯罗奔尼撒战争时曾说过："你总不能远离前线 28 英里，而在后方舒舒服服当个安乐椅大将军吧！"

当访客走了后，一直坐在艾森豪威尔身旁的文书 James C. Humes 询问上述一句话的典故，谁料艾森豪威尔却摇摇头，说道："首先，讲这句话的是保卢斯，而非希罗多德；其次，那也不是伯罗奔尼撒战争，而是布匿战争，所以尽管那位将军讲得兴致勃勃，但是他的引经据典是错误的。"

Humes 大感不解，问："为什么你刚才不当面予以指正呢？"

"为什么要用自己的学识让别人陷入难堪的境地呢？"艾森豪威尔轻轻一笑，说道，"知其可为而为之，是聪明的；知其不可为而为之，则是愚蠢的。我能够取得今天的成就，很大程度是因为懂得恰当地收敛起自己的锋芒。"

那些时刻急于表现自己小聪明的人，是否应该看看艾森豪威尔的故事呢？

宋代大文豪苏轼在《贺欧阳修致仕启》中写道："大勇若怯，大智若愚。"照字面解释，"大智若愚"的意思就是有大智、大慧、大觉、大悟的人不爱显露才华，心平气和、遇乱不惧、受宠不惊、受辱不躁、含而不露、隐而不显、自自然然、平平淡淡，甚至显得有点儿木讷，有点儿迟钝，有点儿迂腐。

民间有句非常贴切的谚语："低头的麦穗，昂头的稗子。"越成熟、越饱满的麦穗，头垂得越低，不怎么张扬自己；那些果实空空如也的稗子才会显得招摇，始终把头抬得老高。由此不难得出结论：收敛小聪明，沉淀大智慧。这既是一种为人的谋略，又是一种至高的人生境界。

每一个生命都值得尊重

所有人的人格都是平等的，一个人无论居于何等高位，身份多么尊贵，都要适当掩藏自己的盛气。

在一架班机的经济舱上，一名漂亮的白人女士被安排在一个黑色皮肤的男人旁边。任凭黑人怎么微笑，她都怒目相视，最后还气势汹汹地把空姐叫来，吼道："你们必须给我换位子，我受不了坐在这种令人倒霉的家伙旁边！"

空姐看了看那位黑人，对方用尴尬的微笑回应。"请稍等。"空姐走开了。几分钟后，空姐回来了，她微笑着说："女士，很抱歉，经济舱已经客满了，不过在头等舱还有一个空位。将乘客提升到头等舱是我们从未遇到的情况，但是我已经获得机长的特别许可了。"

白人女士高兴地站起来，准备收拾东西，岂料空姐却转向了那名黑人："机长认为要一名乘客和一个令人讨厌的人同坐真是太不合情理了。先生，如果您不介意的话，我们已经准备好头等舱的位子了，请您移驾过去。"

白人女士呆住了，机舱里爆发了一片热烈的掌声。

人与人之间大多是存在差异性的，比如，有的人事业风光，有的人下岗失业；有的人腰缠万贯，有的人贫困潦倒……基于此，有些人习惯以官职大小、钱财多少或学问高低论尊卑，在不如自己的人面前大耍派头，威风凛凛，盛气凌人于无形。殊不知，这是一种不尊重人的表现，只会招致别人的反感，自取其辱，让自己难以下台。就像事例中那位白人女士，她自以为自己是"优秀"的白种人，便瞧不起"劣质"的黑种人，摆出一副盛气凌人的丑态，结果令机舱的乘客们对她敬而远之，群起而攻之，我们一定要引以为戒。

即使官职再大、地位再高、钱财再多，那又怎样？静下心来看待这一切，你会明白所有人的人格是平等的，世界上谁也不会比谁高贵多少，这些身外之物是微不足道的。即使你再高人一等，也没有盛气凌人的资本。

子曰："君子不重则不威。"重为庄重，不是自命贵重；威乃威严，绝非八面威风。那些取得伟大成就的人，无论自己居于何等高位，身份多么尊贵，获得怎样的才能，他们都会以一颗平常心面对一切，从不标榜自己，更不会四处张扬、盛气凌人，尊重身边的每一个人，这是一种风度，一种成大事必备的品质。

这是发生在美国纽约曼哈顿的真实故事。

一个晴朗的午后，在"巨象集团"总部大厦楼下的花园长椅上，坐着一个美国中年妇女和她的儿子，她很生气地在跟儿子说着什么。距他们俩不远处，一位六七十岁、头发花白的老人正拿着一把大剪刀在园中剪枝。

这时，妇人突然从随身挎包里拿出一把手巾纸揉成一团，一甩手扔出去，正落在老人刚剪过的灌木枝上。白花花的一团手巾纸在翠绿的灌木上十分显眼。老人朝中年妇女看了一眼，什么也没说，走过去，拿起那团纸，扔进旁边的垃圾筒里，回到原处继续修剪灌木。

谁知，中年妇女又从挎包里揪出一团卫生纸扔了过去，儿子奇怪地问："妈妈，你要干什么？"中年妇女没有回答，只是朝儿子摆了摆手，示意他不要说话。老人将这团纸也拿起来扔到垃圾筒里，谁知妇人随后又扔来一团纸。就这样，老人不厌其烦地捡了妇人扔过来的六七团纸，始终没有露出不满和厌烦的神色。

这时，中年妇女指着老人对儿子说："我希望你明白学习的重要性，如果你现在不努力学习，眼前这个修剪灌木的老人就是最好的例子。将来你就跟这个老园工一样没出息，只能做这些卑微、低贱的工作！"原来男孩学习成绩不好，妈妈在生气地教训他，面前剪枝的老人成了"活教材"。

老人听到了妇人的话，放下剪刀走过来："夫人，这是巨象集团的私家花园，按规定只有集团员工才可以进来。"

妇人高傲地说："那当然，我是巨象集团所属一家公司的部门经理，就在这座大厦里工作！"说完，她掏出一张证件朝老人晃了晃。

老人沉思了一会儿，说道："如果您不介意的话，我能借您的手机用一下吗？"

妇人一边极不情愿地把自己的手机递给老人，一边又借机会开导儿子："不是妈妈说你，看这些穷人，这么大年纪了，连一部手机也买不起，你今后一定要努力学习，长大了可要长出息哟！"

老人拨了一个号码，简短地说了几句话，就把手机还给了那个妇人。没过一会儿，巨象集团人力资源部的负责人急匆匆走来，妇人忙满面堆笑地迎上去，可是那位负责人好像没有看到她，径直走到老人面前，毕恭毕敬地站好。

"我现在提议免去这位女士在巨象集团的职务！"老人指着妇人对负责人说道。

负责人连声答道："是，总裁先生，我立刻按您的指示去办！"

妇人大吃一惊，原来这个老人正是"巨象集团"的总裁詹姆先生，她颓然坐到椅子上。

老人用手抚摸着男孩儿的头，意味深长地说："孩子，我希望你明白，在这世界上最重要的是要学会尊重每一个人……等你真正理解并学会怎样尊重别人的时候，你带着你的妈妈再来找我吧。"

詹姆先生是学识渊博、才华横溢的商界领袖，更是从容淡定之人，他能够不厌其烦地捡妇人扔过来的六七团纸，还做得心平气和、恬淡安然，始终没有露出不满和厌烦的神色，这是一种朴素而伟大的人格魅力。

人生在世，不见得权倾四方、威风八面是成功，性情的恬淡和安然也是成功。无论职务高低、身份贵贱，都要宠辱不惊、淡看沉浮，尊重身边的每一个人，这是维系人与人之间关系最基本的要素，也最能显示一个人的风度和魅力。

第 | 六辑
原谅所有是是非非，
忘记所有对对错错

　　有人存在的地方就有江湖，有江湖的地方便有是非曲直。心存宽容，容纳是非曲直，不轻易动怒，不做无谓的争辩，内心自然也能够获得平静和快乐，从而拥有一种心安神定之大美。原谅那些是是非非，放开那些恩恩怨怨，把心放宽，无牵无绊。

因别人而动怒，是你自己的修养不够

"海纳百川，有容乃大"。容是大的基础，是一个人从无知走向成熟的重要标志，是一个人有气度、有修养的表现。

我们经常说"这个人有容人之量"，其实这里说的容人之量就是我们经常说的"度量"，也就是气度。有容天下之量，就必须有恢宏的气度，正可谓"宰相肚里能行船"。大人有大量，小人无量，就是告诉我们要做大事就要学会有容人之量，缺少了大度之气，不能涵养万物，又怎能建立万世之功呢？

所谓容人之量，首先是容言，即容许不同的意见。生活中，困扰我们的往往是一些复杂的问题，问题的本质往往为种种假象所掩盖，必须经过仔细鉴别分析才能把握，因此我们应当耐心听取各种意见，特别是听取与自己存异的意见，如此才能去粗取精、去伪存真。

华盛顿是美国的开国元勋，是美国第一任和第二任总统，被誉为"一位举世无双的伟人"。他为何称得上"伟大"，为历代后人景仰呢？重要原因之一就是，他胸怀坦荡、心底无私、从善如流、气度不凡。

1789年，华盛顿当选首任总统后组建联邦政府，既坚持照顾区域——南方人和北方人，又坚持照顾党派——共和党人和联邦党人，还坚持照顾政治观点——赞成联邦宪法者和不赞成联邦宪法者，目的是为了听取不同的意见，集中起来进行综合、比较、鉴别，从而去伪存真，做到公正合理。

最后，第一任内阁的人选敲定了：托马斯·杰斐逊担任国务卿，亚历山大·汉密尔顿担任财政部长，德豪·伦道夫担任司法部长，高利·偌克利担任陆军部长。这四个人都是具有非凡才能的政治家，但他们分属不同区域、势力，持有不同的政治观点，经常形成尖锐激烈的意见分歧。

华盛顿平等地对待所有人，不偏不倚，认真听取各方意见，积极寻求双方都能接受的公平意见，就这样做出了正确、科学的决策，而且把这些人都团结在自己周围，共同造福于国家。

试着与不同风格、不同背景、不同思想的人做朋友，遇到与自己不一致的观点或做法时，想想别人合理的地方，他们为什么会这样想、这样做。华盛顿"不偏不党，王道荡荡"，如此雅量，正是政治家的胸怀。

容人之量，其次要容人，这是容人之量的重要内涵，具体内涵是：容人之短、容人之非、容人之错，不但能容君子，而且能容小人，这种雅量会把众多人才吸引到自己身边来，即使道不同，也能相为谋。

容人，作为理想人格的重要标准，被历代圣贤大加倡导。越是睿智的人，越能够胸怀宽广、大度宽容，因为他们洞悉世事、明晰人情。其中，唐太宗李世民对魏徵的重用就演绎了容人之量的最高境界。

魏徵既有才华又有才能，被当时的太子李建成视为心腹，并且屡建军功。虽然当时李建成是太子，但是其弟李世民却手握兵权，战功赫赫，严重地威胁到了皇位，于是魏徵屡次谏言，让太子除掉李世民，以绝后患。可是李建成始终没有下定决心，最终在玄武门被李世民所害，命丧黄泉。

李世民知道魏徵既是李建成的心腹，又非等闲人物，就立刻召见了他，责问他说："你为什么挑拨我们兄弟间的关系呢？"

魏徵没有巧言机辩，而是据理回答，不管是否会触怒李世民、是否会被李世民杀头，他说："人各为其主。我忠于李建成，是没有什么错的。如果太子早听我当日之言，哪里还会有今日之祸？"

面对一个曾经害过自己的人，大家都认为李世民肯定会杀之而后快才解心头之恨，然而李世民并没有杀魏徵，而是以宽广的胸怀饶恕了他，并且封他做掌管太子文书的管事主簿，不久又提升为谏议大夫。魏徵竭力辅佐李世民，成为其左膀右臂，为"贞观之治"的开辟立下了汗马功劳。

魏徵曾多次劝李建成除去李世民，后来李世民当上皇帝，他为什么又"竭其力用"忠于他呢？是为了保全性命吗？是为了得到重赏吗？不，是因为唐太宗李世民气度非凡，拥有宽广的胸怀。他不计前嫌，用自己的宽容收获了人才，让魏徵"喜逢知己之主"，自然愿意为其出力。试想，如果李世民气量狭小，不能容人，对魏徵曾经献计害自己的事情不能释怀而怒杀魏徵，他就失去了一位能够敢于直谏的良臣，试想，其他有识之士还会追随他吗？他又怎么可能创造出"贞观之治"的盛世呢？

再举一例，袁绍是东汉末年群雄之一，官至大将军、太尉，是三国时代前期势力最强的诸侯，号称谋士如云、战将如雨，文有田丰、沮授、许攸、审配，武有颜良、文丑、张郃、高览，文臣武将齐聚帐下，可谓人才济济。但是袁绍却失败了，原因何在？气量狭小、不能容人，得罪了自己的人不能容，比自己见识高明的人不能容，结果许攸、张郃、高览等人纷纷倒戈，袁绍焉有不败之理？

俗话说"海纳百川，有容乃大"，大海的宽广可以容纳众多河流，人的心胸宽广可以包容一切，接纳不同的意见，能够容人之短、容人之非、容人之错。容是大的基础，是一个人从无知走向成熟的重要标志，也是一个人有气度、有修养的表现。

汉朝开国君主刘邦做了皇帝之后，有一次与群臣总结汉胜楚败的原因，他说："夫运筹于帷幄之中，决胜于千里之外，吾不如子房；镇国家、抚百姓、给饷馈、不绝粮道，吾不如萧何；连百万之众，战必胜，攻必取，吾不如韩信。三人皆人杰，吾能用之，此吾所以取天下者也。"刘邦能从落魄的一介平民到万人拥戴的皇帝，一个重要原因是有博大的胸襟和宽宏的气度，善听人言、善用其才。

天空因为能容每一片云彩，所以才能够广阔无比；高山因为能容每一块岩石，所以才能成就雄伟壮观；大海因为能容每一朵浪花，所以才能让自己浩瀚无际。能"容"、善"容"，这正是我们在苦苦寻觅中找到的放之四海而皆准的真理。当我们拥有了容人之量，也就成就了自己的伟大。

不去计较，少一份纷扰

人际交往中免不了磕磕碰碰，与其常戚戚，不如坦荡荡。胸怀宽广，适当让步，简化繁乱，心底无私无怨。

　　在现实生活中，我们不可避免地要和别人交往，人际间的交往则免不了磕磕碰碰。此时，我们若不知忍让，不懂克制，偏要斤斤计较、针锋相对，与对方撕破脸皮，甚至大打出手，那么很可能小事化大，矛盾升级，麻烦不断。

　　来看看这样一个笑话：《都多说了一句话》。

　　一辆公共汽车上，一个外地年轻人手里拿着一张地图研究了半天，问售票员："去颐和园应该在哪儿下车啊？"售票员是个年轻姑娘，正在修饰指甲呢，她头也不抬地说："你坐错方向了，应该到对面往回坐。"要说这句话也没什么，错了就坐回去呗，但她又饶了一句话，"拿着地图都看不明白，还看什么劲儿啊！"

　　旁边有个大爷听不下去了，对小伙儿说："你不用往回坐，再往前坐四站，换904路也能到。"要是他说到这儿也就完了，既帮助了对方也挽回了售票员的形象，可他多说了一句话，"现在的年轻人呀，没一个有教养的！"

车上有好多年轻人呢，打击面太大了吧！旁边的一位小姐就忍不住了："大爷，没教养的毕竟是少数嘛，您这么一说我们都成什么了！"这位小姐浓妆艳抹、袒胸露背，"您这样上了年纪，看着挺慈祥，一肚子坏水儿的多了去！"

一个中年大姐冒了出来："你这个女孩子怎么能这么跟老人讲话！你对你父母也这么说话吗？"女孩子立刻不吭声了，可大姐又多说了一句，"瞧你那样儿，估计你父母也管不了你，打扮得跟'鸡'似的！"接着，两人吵成了一团。

"都别吵了，赶快下车吧，"售票员说道，接着她又多说了一句，"要吵统统都给我下车吵去，烦不烦啊！"所有乘客都烦了，整个车厢炸开了锅，骂售票员的，骂时髦小姐的，骂中年大姐的……结果，引发了一场"暴乱"。

无论是售票员还是大爷和时髦小姐等，他们所说的第一句话都是合情合理的，但他们都因为无量，斤斤计较、争强好胜，总是想压别人一头，锱铢必较、针锋相对，结果本是鸡毛蒜皮的小事演化成了一场闹剧，真是可悲可叹。

事实上，当和别人发生矛盾时，我们最该做的就是冷静下来，退让一步。大文学家维吉尔就曾这样告诫我们："无论遇到什么事，命运终将被忍耐战胜。无论发生什么事情，我们都应该首先考虑退步忍让。"

退一步海阔天空，让三分风平浪静。这不是畏惧，是大智慧，是真的英雄！世间嘈杂扰攘中，有太多的是是非非，胸怀宽广一点儿，心底无私无怨，适当做出让步，那么很多事情都可以简化繁乱，从简从初，正如一句话所说："小气者斤斤计较，常戚戚；大气者大开大合，坦荡荡。"

有了退让，我们就不会被认为是一介粗鲁的武夫；有了退让，我们就不会被认为是一条莽撞的汉子；有了退让，我们的天空就会一片晴朗；有了退让，我们就会有广阔的人缘和未来。换一句话说，想拥有更好的生活和未来，我们就得学会适时适当地让步。

有一位先生和爱人上岳父家吃饭，进餐时，翁婿两人聊起了一条高速公路的修建问题。女婿认为，公路的进度一再推迟，竣工的期限一再延期，是有关方面的严重错误，应该予以严惩，修路本身是利国利民的事情，总是耽误实在是很不像话；岳父则不同意，他认为公路本来就不该兴建。

二人你一言，我一语，争论越来越激烈，谁也不能够得到对方的认可。后来岳父居然东拉西扯地对女婿说："年轻人自私心重，没有环保意识。"显然二人的争论上升到了人身攻击上面，岳父已经开始在批评女婿了。

女婿害怕再争论下去会伤害彼此之间的和气，于是婉转地说："岳父大人，看来我们的看法永远不会有交点，不过没有关系，也许我们都是对的，也许我们都是错的。而且，我们说了半天只是代表个人的看法，无法影响事态的发展，我们谁胜谁负又有什么关系呢？"

岳父一听女婿的一席话，不仅给自己一个台阶下，也给双方都打了圆场，避免了无休止的争论，同时也避免了矛盾的扩大影响到翁婿双方的感情，于是二人又开始吃饭，聊了一些让人高兴的话题。

与岳父相比，这个女婿颇具风度。他后面的一席话，不仅让自己下了台阶，也给争论双方打了圆场，避免了双方矛盾扩大，影响感情。我们设想一下，如果女婿感情用事不肯退让，那么结果又会如何呢？很可能惹火老岳父，被臭骂一顿，这顿饭是吃不好了，以后的关系估计也很难相处。

在现实生活中也是如此，非要争出个谁是谁非不可有什么用呢？还不如胸怀坦荡一点儿，适当地做一下让步，这样既不会伤及彼此的感情，又能和风细雨地缓和双方的矛盾，还能彰显从容大度的修养，何乐而不为呢？

《菜根谭》曰："径路窄处，留一步与人行；滋味浓时，减三分让人尝。此是涉世之绝佳安乐法。"这句话正指出了让步的必要性。凡事让步表面上看好像是损失，但事实上由此获得的必然比失去的多。

小草面对暴虐的狂风，它选择了退让，于是风暴过后，小草又焕发出了生机；河水面对险峻的高山，它选择了退让，于是河水在蜿蜒的山谷中奏响了叮咚的乐曲；太阳面对夜幕，它选择了退让，于是月光的轻柔洒满了大地。

人生几多是是非非，聪明智慧者并不排斥这些遭遇，而是欣然接受，并感谢它们。因为，正是在自己不断地遭遇世间嘈杂扰攘的过程中，让自己多了一份淡定，少了一份纷扰；多了一份智慧，少了一份愚蠢；多了一份快乐，少了一份忧愁。

把心胸放宽，得理也让三分

把心胸放宽一些，得饶人处且饶人，说话做事要留有余地，力争做到恰如其分，这样远比理直气"壮"更能说服和改变他人。

俗话说"有理走遍天下，无理寸步难行"，可见没有理便很难得到大家的认同。可是得理了，"理"在你手中了就一定要不让人吗？在现实生活中，经常可以看到一些人一旦得"理"便不饶人，非逼得对方息鼓收兵或竖白旗投降不可，结果看上去得"理"了，事实上却早已失"礼"。

胡斌是从美国留学回来的硕士生，他学历高、口才好、思维敏捷，业务能力又强，在公司会议中常出风头。他提出的策划方案总是能够得到众人的肯定，可是每当他听到其他同事提出一些较不成熟的策划案，或是某些时候不小心做错事情或者得罪到他时，他总会毫不客气地大放厥词。

在胡斌的观念里，自己这样做并没有什么不对，因为这一切都是"理由充足"，如果不是别人有错在先，也轮不到他出言不逊，而且他之所以这样，正是为了他们好。然而，他的态度却让他在同事间成了一只孤鸟，没有人愿意和他合作共事，他的工作遇到了重重困难，最终被迫离职。

人非圣贤，孰能无过？得理不饶人，只会弄巧成拙、事与愿违、适得其反。本事例中的胡斌原本是有理的，但是他的做法不对，得理也要让三分，而他并没有注意到这一点，所以反而显得没理了，与同事们关系僵化，沦落到四面楚歌的地步。

得理时该怎么办？其实最好的处理方法是把心胸放宽一些，得饶人处且饶人，说话做事留有余地，力争做到恰如其分、适可而止，这样不仅可以避免一些没有价值的争执，给予对方改正错误的机会，同时也能体现出自己的气度，很多时候事情就会朝着所希望的方向发展。

一天，位于某商业街的黄金行突然接待一位面带怒色、前来投诉的女士。一进门，这位女士就大声吵嚷："你们太坑人了吧，我前几天刚买的黄金戒指居然消光了。"顿时，引来了很多人的目光。

看到这位女士的架势，经理李先生为了不影响到其他顾客，便客气地领她到大堂顾客休憩区。李先生拿过戒指看了看，聆听了女士的购买过程，微笑着问道："女士，请问您在哪儿工作？"

"我在化学试剂厂工作，有什么问题吗？"女士火气未消地回答。

"我还想问一下，您平时上班时戴首饰吗？"李先生依旧微笑地询问。

女士白了他一眼，说道："当然戴喽！"

"以后上班时，您最好不要戴首饰了，因为首饰容易受到化学试剂的腐蚀。"李先生耐心地给女士讲解。说完，他把这位女士的戒指给了技术人员，进行了一番清洁处理，使之恢复了原状。

这位女士明白了，不好意思地道歉："刚才我太性急，还没搞清楚就……"

李先生摆摆手，微笑着说："哦，您不要这样说。出现这样的问题，都怪我们工作没有做好。如果在销售时我们将金首饰的保养方法详细告诉您，就不会出这样的问题了，我为我们的失误道歉。"

一听这话，女士从尴尬中解脱出来，她走到黄金行营业厅中央大声地道歉：

"对不起！打扰大家购买的情绪了，我在这里特意向你们道歉，向黄金行道歉。请你们放心购买这里的金银首饰，这里无假货，而且服务好。"

女士走后，其他顾客问李先生："明明是她不懂得保养戒指，你为什么不直接和她说呢？况且，她那么粗鲁地对你。"

李先生轻轻地笑了笑，回答道："正是因为她粗鲁，所以我才要用婉转的方式，因为道理一说就明白，又何必那么大声呢？理不直的人，常常用气壮来压人；有理的人，就要用和气来交朋友。"

在接待前来投诉的女士时，李先生懂得有理让三分的道理，他没有因为顾客没有正确地保养戒指、无理取闹就还以颜色，而是始终面带微笑为顾客服务，然后用委婉的语气告诉顾客事实的真相，这样既在众人面前保留住了顾客的尊严，也使顾客意识到了自己的错误，最终满意而去，其道德修为可见一斑。

由此可见，有理并不在于声音的大小，也不在于言辞是否犀利，而是在于人心。当双方处于尖锐对抗状态时，得理者的忍让态度能使对立情绪"降温"。而且，理直气"和"远比理直气"壮"更能说服和改变他人。

所以，如果你想培养一份大气，成为有魅力的人，那么当"理"明显在自己一方时，不要咄咄逼人、不肯让步，对别人夹枪带棒地乱打一气，而是要学着用宽容之心待人，得理也要让三分，进而达到一种双赢的良好效果。

马辛利是美国的一位总统，因为在人员的任用方面遭到一些议员的反对。有一次在国会议会上，有一位议员当面粗鲁地辱骂他。面对对方无礼的责骂，马辛利总统并没有对对方反唇相讥，也没有用职位来压他，而是闭口不言。

等对方骂完了，马辛利才站起身，用温和的口吻说："您现在的气该消了吧？按您的身份，您是没有资格那样对我的。不过，我不会对您怎么样，我想我有必要告诉您我的理由，我愿意解释给您听……"

马辛利将自己的理由讲述出来，那位议员对马辛利的安排心服口服，羞得脸红耳赤，议会中也不再有反对的声音了。后来，出于对马辛利发自内心的佩服，他诚心诚意地支持马辛利的工作，两人成了无话不谈的好朋友。

马辛利得理让三分的宽容大度让剑拔弩张的矛盾缓和下来，并且将这位议员顺利拉到了自己身边，这足以显示他的策略和智慧。试想，如果马辛利得理不让人，利用自己的职位和得理的优势咄咄逼人地对那位议员进行反击的话，那么对方是很难心服口服的，结果肯定不会如此顺利。

在马路上，看到行人莽撞或不遵守交通法规时，很多驾驶员往往会提高嗓门骂几声而后扬长而去，碰到被骂者有"发火"的就会展开对骂，甚至对打……但假如驾驶员能够得理让三分，温和且不失严肃地告诫一声："性命攸关！请遵守交通……"这样既可以起到教育他人的作用，又不失自己的文明风度。

总之，宽容就像是一面镜子，它可以随时照出人的胸怀。得理不饶人、斤斤计较的人只会照出他猥琐、丑陋与狰狞的一面；胸怀宽广、心地坦荡的人就会照出宽容、忍让的一面，达到精神上的高点，"一览众山小"。

愿你能拥有曼德拉式的宽容

以安静之态入世，以平和之心处世，用一颗豁达宽容的心去对待仇恨，胸襟宽广、不予计较，如此既可避免矛盾的激化，又能使自己心境平和。

古希腊神话里有这样一则名为《仇恨袋》的故事。

海格利斯是一位非常勇猛的大神，他从来都是所向披靡、无人能敌。有一天，他行走在一条狭窄的山路上，突然一个趔趄，险些摔倒。他定睛一看，原来脚下放着一只袋囊。他猛踢一脚，那只袋囊非但纹丝不动，反而气鼓鼓地膨胀起来。

海格利斯恼怒了，挥起拳头又朝它狠狠地一击，但它依旧一动不动，还迅速地膨胀着。

海格利斯暴跳如雷，拾起一根木棒朝它砸个不停，但袋囊却越来越大，最后将整个山道都堵得严严实实。

海格利斯累得气喘吁吁，气急败坏地躺在地上。这时宙斯出现了，他淡然一笑，说："这个袋囊叫作'仇恨袋'。如果当初你不踩它，或者干脆绕开它，它就不会跟你过不去，也不至于把你的路给堵死了。"

纷繁复杂的人生牵涉到方方面面，我们时常会遇到"仇恨袋"，大至人生挫折，小至人际纠纷。普通人往往会像海格利斯那样，一心想着对付"仇恨袋"，结果冤冤相报抚平不了心中的伤痕，只能将我们与伤害自己的人捆绑在无休止的报复战车上，让仇恨充斥内心，徒增痛苦，身心俱疲。

因此，对待仇恨，我们要学会宽容。以安静之态入世，以平和之心处世，用一颗豁达宽容的心去对待仇恨，少结冤家，不予计较，以德报怨，那么仇恨自然就会渐渐变小，直到消失，那么我们永远不会被"仇恨袋"绊住脚步。可见，宽容是人生的一种智慧，是建立人与人之间良好关系的法宝。

身为北宋两朝丞相的吕蒙正是历史上第一位平民出身的宰相，第一个书生宰相、状元宰相。他为人宽厚质朴，素有众望，以正道自持，一生坦坦荡荡，心底无私无怨，正为君子度量。

吕蒙正小时候家境十分贫穷，他靠在街头卖字作诗为生。刚入朝为官时，朝廷中有官员指着他说："这小子也配参与商议政事吗？"吕蒙正表面装着没听见走过去了，同僚们愤愤不平，让他追查那位官员的姓名，吕蒙正忙制止说："一旦知道了他的姓名，那我就终生不能忘了他，还不如不知道。没有查询他的姓名，我又有什么损失呢？"当时的人都佩服他的度量。

温仲舒是吕蒙正的同窗好友，吕蒙正当宰相后怜惜他的才能，就向皇上举荐了他。谁知，温仲舒为了显示自己，竟常常在皇上面前贬低吕蒙正，甚至落井下石。有一次，吕蒙正在夸赞温仲舒的才能时，宋太宗说："你总是夸奖他，可他却常常把你说得一钱不值啊！"吕蒙正笑了笑说："陛下把我安置在这个职位上，就是深知我知道怎样欣赏别人的才能，并能让他才当其任。至于别人怎么说我，这哪里是我职权之内所管的事呢？"太宗听后大笑不止，从此更加敬重他。

面对当众讽刺自己的某官员，背地里贬低自己的温仲舒，吕蒙正是有理由愤恨他的，以他的地位也完全有可能进行打击报复，但是，他却采取了置之不理的冷处理态度，这既避免了矛盾的激化，也使自己心境平和。这样的心胸、这样的气度，实在难能可贵，令人佩服、令人景仰。

天下没有解不开的疙瘩，没有过不去的火焰山，更没有打不破的坚冰，一切前导和基础就在于当你与人发生矛盾时宽容大度，不予计较，相逢一笑泯恩仇，那么所有问题都会迎刃而解，赢得别人的尊重，甚至化敌为友。

有句话说："很多人总是太着急去学会仇恨，却不知道人要花一辈子来学会宽容。"的确，仇恨一个人很容易，但是宽恕一个人却非常困难，关键就在于我们自己的心灵如何进行抉择。这需要修养，需要智慧，更需要气度。事实证明，事业越成功的人，往往越有宽容之心。

南非前总统曼德拉是南非的民族英雄，因为领导反对种族隔离政策而入狱，白人统治者把他关在荒凉的大西洋小岛罗本岛上27年。1994年5月9日，曼德拉正式被国会选为总统，在宣誓就任总统的典礼上，他邀请了曾经看守他的三名狱警作为客人来参加典礼，并亲自向他们致敬。

此时，整个现场乃至世界都安静无声。毫无疑问，曼德拉的这一举动把人们惊呆了。因为谁都知道，这三名狱警在狱中不仅没有友好地对待他、照顾他，甚至还曾经想尽毒招，残暴地虐待过他。难道他不记得了吗？

在大家迷惑不解的目光中，这个饱经沧桑的历史老人发出了这样的感慨："当我走出囚室，迈过通往自由的监狱大门时，我已经清楚，如果自己不能把怨恨留在身后，那么我其实仍在狱中。""感恩与宽容经常是源自痛苦与磨难的，必须以极大的毅力来训练，而牢狱生活给了我时间和激励……"

仇恨是痛苦的根源，是让痛苦更痛苦的毒药。既然如此，我们何必固执地抱着仇恨，让仇恨折磨自己也折磨他人呢？恰在这一点上，曼德拉要比许多人聪明得多。他清楚地知道，那根掌控心灵的绳索原来可以自己伸手牵过来，然后一点一点松绑，忘掉过去的恩怨和仇恨，自己的心也就得到了解脱和轻松。

我们之所以总是烦恼缠身，总是充满痛苦，总是怨天尤人，总是有那么多的不满和不如意，多半是因为我们缺少曼德拉的宽容。学着胸怀宽广一点儿吧，对别人多谅解、多宽容，这样就远离怨恨了。有一句话说："我们的心如同一个容器，当爱越来越多的时候，仇恨就会被挤出去。"

原谅那些嘲笑你的人

赞谤由人，不必计较。谤可消业，何必烦恼？何以息谤？答案是"无辩"。

何以止怨？答案是"不争"。

"哎呀，你真的是笨得没治了！"

"这条连衣裙多漂亮呀，可惜穿在了你身上。"

"就凭你，也想当画家？别再瞎耽误工夫了，你练也白练。"

……

你遭受过这种损话的伤害吗？有人嘲笑你，或是以言语侮辱你、打击你时，你是不是会情绪激动，甚至勃然大怒地把他顶回去？或者当时无言以对，事后却耿耿于怀？昼思夜想不成眠，甚至郁郁寡欢？

这些反应均属人之常情，但均非大度之为，而且是相当不理智的做法，因为将嘲笑者视为眼中钉、肉中刺，只会使人整日庸人自扰，逐渐走向沉亡，走向衰败的绝路，成为嘲笑者眼中的"猎物"，成为永远的笑柄。

要让嘲笑者自然平息，最好的办法就是给予包容，有风度、有气概地接受嘲笑。有没有听说这样的一段话？寒山问拾得曰:"今有人谤我、欺我、辱我、笑我、轻我、贱我、恶我、骗我，如何处治乎？"拾得云:"只是忍他、让他、由他、避他、耐他、敬他、不要理他。再待几年，你且看他。"

再来看一个小故事。

一位禅师在旅途中碰到一个不喜欢他的人。连续好几天，那人用尽各种方法污蔑他，但禅师好像没听见似的，依然心平气和。

那人大为不解，求问。

禅师问:"若有人送你一份礼物，但你拒绝接受，那么这份礼物属于谁呢？"

那人回答:"当然属于原本送礼的那个人。"

禅师笑着说:"没错。若我不接受你的谩骂，那你就是在骂自己了！"

那人顿时面红耳赤，灰溜溜地走了。

看到了吧，被人嘲笑主要是看你自己的心态。别人嘲笑你，你给予包容，选择不生气、置之不理，就能表现出自己的涵养与气量，以"骤然临之而不惊，无故加之而不怒"的大丈夫气概在气质上镇住对方。即使对方说得口干舌燥，都影响不了你的情绪，更左右不了你的生活，他自然会觉得没趣，那么就是你胜利了。

赞谤由人，不必计较。谤可消业，何必烦恼？何以息谤？答案是"无辩"。何以止怨？答案是"不争"。这种大胸襟、大雅量，正是君子的境界，宰相的肚量。除此之外，嫣然一笑也是不错的方法。文学大师拜伦曾说过这样一句话:"爱我的我抱以叹息，恨我的我置之一笑。"他的这一"笑"，真是洒脱极了，有味极了。

嫣然一笑，视若不见、充耳不闻，让人家去说，你仍走自己的路，使这种攻击行为伤害不到你，拖不垮你，拉不倒你，挡不住你，并且变阻力为动力，不断进取。当你争取到更大的成就和荣誉的时候，让他望尘莫及时，他只能欣赏你，为你所折服。

国际设计大师皮尔·卡丹的奋斗史就说明了这个道理。

皮尔·卡丹童年时家境贫困，一家人天天都要为吃饭与穿衣的事而发愁，但卡丹却偏偏对各式各样的服装感兴趣。他喜欢在街上游逛，时装店里多姿多彩的时装常常使他流连忘返。他的耳边经常传来这样的斥责和嘲讽："穷鬼！你也来看时装？""买套时装去送给小情人吧，哈哈……"一个梦想在卡丹幼小的心中升腾："哼，以后，我要做各种各样的时装，让你们看看。"

从中学退学后，卡丹便去一家裁缝店当起了小学徒，并且很快学到了手艺，在当地小有名气。几年后，卡丹自立门户开了第一家服装店，并且很快成了女装界引人注目的新星，接着他开始思考设计男装。这一举动为大多数厂家所不齿："男人讲究穿衣打扮，这成何体统？他疯了吗？""没有男人会在乎穿什么的，他这是自取灭亡！"而且他们竟联手将卡丹逐出巴黎时装女服业，卡丹在名誉和生意上都遭受了巨大损失。锲而不舍、逆流而上，这是卡丹人生的信条，他继续设计男装，并坚持聘请时装模特做表演。结果，许多绅士、男青年，甚至年轻的士兵、年过花甲的老人均前来光顾他的时装店，请他为自己设计时装，卡丹的才华再次受到公众的肯定。

接下来，卡丹把设计重点放在一般消费者身上，提出了"时装大众化"的口号，这一次他又遭到了同行们的嘲笑："时装能大众化？他真敢做白日梦！"卡丹已经学会了应对嘲笑的本领，这一次他同样没有屈服退缩，继续进行他的"时装革命"，他说："我已被人骂惯了。我的每一次创新都被人们抨击得体无完肤，我要做的就是不停止自己的步伐。"

现在，皮尔·卡丹这个名字早已闻名于世，他几乎在全世界每个国家和地区都拥有分公司，雇员超过 20 万人。他的事业堪称"皮尔·卡丹帝国"，而他就是这个"帝国"里的君王，他赢得了众人的敬仰，包括以前嘲笑他的人。

面对众人的嘲笑，皮尔·卡丹愤然前往，可以说嘲笑者是他能量迸发的源泉，促使他获得了巨大成就。人生有时就是这么奇妙，别人一句小小的嘲笑就可能促使你完成一个梦想。当然，这些嘲笑必须用你的心胸转化成有益的动力。

试想，如果皮尔·卡丹心胸狭隘的话，则很可能把嘲弄的人当作痛恨的对象，从此在心里种上可怕的仇恨的种子，或者满腔愤怒，或者灰心丧气，主动退缩，那么他不但很难取得现在的成就，还很可能使自己走向痛苦。

除此之外，这里还有一个例子。

林肯出身于一个贫困的鞋匠家庭，当他还是个年轻的律师时，因一个重要的案件来到芝加哥的法庭，结果惨遭那些年长有名律师的奚落，以"卖皮鞋的儿子"嘲笑他。林肯是怎样面对这种情形的呢？气愤吗？想方设法报复吗？不，他并没这样做，他说："我到芝加哥才知道自己所懂得的是多么的浅薄，而我要学习的又是多么的多。"于是，嘲笑对他是一种刺激，促使他改进。后来他升到了很高的地位，而那些嘲笑他的人还是一无长进，他做了美国的大总统，那些人还只是普通律师而已。他们的嘲笑不过是替林肯预备了一级"梯子"，使林肯登上了荣誉的顶峰。

的确，当遭遇到别人的嘲笑时，与其情绪激动地与人争斗、反唇相讥，不如宽容一点儿，聪明一点儿，无辩无争，坦然面对，这样既能保持内心的平衡，又能变嘲笑为努力的动力，进而赢得别人的赞叹，何乐而不为？

是欣赏还是打击对手，皆在一念之间

不要把对手看成敌人，而要把对手看成朋友，真诚地为对手鼓掌叫好。

这既是一种智慧，也是一种修养。

在生活中，我们常常会把对手当成冤家对头，并且会不断地提醒自己："他是我的对手，也就是我的敌人！如果他成功了，我就会失败，所以，我对他千万要小心谨慎，不能对他有半点儿的好心。"更有甚者，内心会对对手产生怨恨、仇视心理，在背后冷不防地"插上一刀"、"踩上一脚"。

殊不知，这是一种十分狭隘的思维方式，有百害而无一利。因为，有了对手，我们才有危机感和竞争感，有了对手，我们才不得不发愤图强，不得不锐意进取，不敢稍有懈怠；否则，就只有等待被替代、被淘汰的命运。

为了吸引更多的游客，动物园从遥远的美洲引进了一只剑齿豹。据说，这种剑齿豹非常的勇猛凶悍，它们一天能够逮捕三只羚羊，其他的美洲豹纵然拼劲一天也只能逮捕一只羚羊。为了能够让这个"远方贵客"吃好玩好，动物园的管理员们每天为它准备了精美的食物，还特意开辟了独立场地供它活动。

可是虽然有这么好的生活条件，剑齿豹却日益无精打采。动物园的管理员以为，可能是剑齿豹对新环境不大适应，过一段时间就好了。谁知道两个月后，剑齿豹还是老样子，后来甚至连饭菜都不吃了，奄奄一息。这下园长可着急了，连忙请来兽医多方诊治，可是没发现剑齿豹有任何毛病。

就在这时有人提议，不如在剑齿豹生活的领域放几只老虎。原来人们无意间发现，每当有运送老虎的车辆经过时，剑齿豹就会站起来怒目相向，严阵以待。这个办法果然很有效，剑齿豹很快就恢复了往日的活力。

剑齿豹之所以毫无应有的英勇气场，在于它缺少天敌，生活安逸。而老虎的"入侵"则唤起了它的竞争意识，试图和老虎一比高下，因此它必须活跃起来。这个故事告诉我们：对手所给予我们的不仅仅是危机和斗争，同时还是求生和求胜之心的动力，犹如一剂强心针、一部推进器、一个加力挡。

18世纪，法国科学家普鲁斯特和贝索勒原是一对论敌，他们对"定比定律"的争论长达九年，两人互不相让。最后普鲁斯特以胜利告终，成为"定比定律"的发明者。然而，普鲁斯特却真诚地说："要不是贝索勒曾激烈反对过我，要不是他一次次地质疑我，我是很难深入地研究下去，最终发现'定比定律'的。"普鲁斯特为此特别宣告，发现"定比定律"，贝索勒有一定的功劳。

由于有强劲的竞争对手而催生的国际名牌也不在少数。

奔驰与宝马均为德国汽车品牌，极力挤占市场。有一年，记者问宝马的老总："宝马车为什么能够持续取得进步呢？"宝马的老总回答说："感谢奔驰，他们将我们撵得太紧了。"记者转问奔驰的老总同一个问题，奔驰的老总回答："因为宝马跑得太快了，感谢宝马。"奔驰与宝马的竞争结果是，两家公司都成为一流名牌，风靡世界。

看到了吧，竞争对手并不是我们"势不两立"的敌人，所以，我们不应消极地排斥对手，而应该积极地面对对手，甚至用欣赏的眼光看待他们。事实上，只要我们不戴着有色眼镜，就会发现对手并非想象中的那样可恶，反而有很多值得我们鼓掌叫好的地方。

是的，为对手鼓掌叫好。不要怀疑，为对手鼓掌叫好并不代表你是胆小怕事，或者是为了讨好对手，只会体现你的教养和高尚的人格；为对手鼓掌叫好是一种智慧，因为你在欣赏他们的同时，也在不断提升和完善自我；为对手鼓掌叫好是一种修养，因为你改正了自己自私和忌妒的心理，培养了具有大家风范的品行。

是欣赏还是打击对手，皆在一念之间。

不过，成功人士大多都能够用宽容、豁达的心态去对待对手，当对手取得了进步和成功时，他们会表现出超然的风度，真诚地为其鼓掌叫好。正因为这样，他们展现了自己的风度，赢得了众人的尊敬。

飞人迈克尔·乔丹是 NBA 历史上最伟大的篮球运动员，曾经创造过多项世界纪录，而且至今无人打破。有段时间，公牛队年轻气盛、好胜心极强的新秀皮蓬总是对别人说乔丹不如自己，自己一定会把乔丹击败等。但一次比赛中，事实证明，乔丹并没有被超越，他是全场得分最高的球员。

赛后，有记者采访乔丹，问了这样一个问题："你觉得你和皮蓬三分球谁投得更好一些？"当时乔丹微笑着说："我投三分球只能用右手投，左手还必须得托住右手，而他无论是左手还是右手都不用另一只手帮忙，动作规范而流畅。所以，我认为他的投篮比我好，而且进步空间也比我更大！"

这是怎么样的胸襟，怎么样的气魄！乔丹懂得欣赏对手，他知道对手有哪些长处，他会为对手鼓掌叫好，这正是他的伟大之处。没错，欣赏对手是一种证明自己胸襟宽广的方式，欣赏对手更是促使自己成功的最好方法。

扪心自问一下：今天你欣赏你的对手了吗？你从他的身上学到了什么？当你的对手取得成就之时，你为其鼓掌叫好了吗？

站在真理一边，心无所惧

站在真理的一边，绝不向错误的权威低头，容不得半点儿污秽和虚伪，这是一种敢与不公争锋的骨气，也是一种光明磊落的风度。

在日常工作和生活中，我们经常遇到这样一种情景：两个人争论某个问题时，如果一方添加一些权威成分，很容易把对方"驳"得哑口无言，赞同自己的观点。而且，太多的人心安理得地享受着生活带给他们的秩序和固有的方式，可见权威对人们的影响力之大，操纵力之巨。

遗憾的是，一个人一旦形成了习惯的思维定式，迷信权威、墨守成规、循规蹈矩，很容易束缚自己的心智，不能独立思考，不能明辨是非，因迷失自我而困顿，而且还会给人留下平庸无能、随波逐流的坏印象。

事实上，人人生而平等，只要你站在真理的一边，就要挺起脊梁，敢于争锋，挑战权威，是黑而绝不会说白，是鹿绝不会说是马，绝不向错误的权威低头，容不得半点儿污秽和虚伪。这是一种敢与不公争锋的骨气，也是一种光明磊落、胸怀坦荡的气度。

小泽征尔是当代最负盛名的指挥明星，成名前，他去欧洲参加一次世界级的指挥家大赛，决赛时被安排在最后一个出场。小泽征尔按照评委会提供的乐谱指挥演奏时，发现有一些不和谐的地方。他开始认为是乐队演奏错了，就让乐队停下来重新演奏，但仍不如意。这时，在场的作曲家和评委会的权威人士都郑重其事地说明乐谱绝对没有问题，而最大的可能只是小泽征尔产生了问题。

面对着一批音乐大师和权威人士，小泽征尔思索再三，突然大吼一声："不，一定是乐谱错了！"话音刚落，令他惊讶的是，评委台上所有的人都立刻起立，对他报以了热烈的掌声。原来，这是评委们精心设计的"圈套"。前面的选手们虽然也发现了乐谱的错误，但在遭到权威人士"否定"后就不再坚持自己的意见，终因趋同权威而遭淘汰。小泽征尔则不然，因此他摘取了这次比赛的桂冠。

"不！一定是乐谱错了！"小泽征尔不迷信权威，挑战权威，坚持真理，这种精神令人敬佩。它给了我们很大的启发：在任何情况下，都不应该盲目地服从权威，要像亚里士多德一样，"吾爱吾师，吾更爱真理"。

坚持真理可大可小，大到理论原则，小到芝麻小事，但真理在哪里？实践证明，真理在许多时候是掌握在少数人手里的。既然是少数人，怎么说服多数人，并且让多数人掌握真理，不仅仅需要勇气，需要的更是胆识。

古罗马名望极高的"神医"盖仑认为血液在人体内像潮水一样流动之后，便消失在人体四周。一千多年里，人们都把这种血液理论奉为真理，所有的怀疑者都付出了惊人的代价。面对这种现实，英国科学家、医生威廉·哈维没有盲从，也没有却步，而是投入了挑战权威的战斗之中。

通过大量的动物解剖实验，哈维终于得出了结论：血液由心脏这个"泵"压出来，从动脉血管流出去，流向身体各处，然后再从静脉血管中流回去，回到心脏，这样就完成了血液循环。在著作《心血运动论》中，哈维正式提出了这一血液循环的理论。从今天看，哈维的理论是正确的，但在当时，他的理论有悖于权威，所以，书一出版就遭到当时学术界、医学界、宗教界权威人士的攻击，说其是一派胡言，荒谬而不可信。

哈维并没有被众多的质疑声和批评声吓倒，为了有力地驳倒权威，让人们接受自己的观点，哈维开始在人身上反复地实验，并且提供了大量的证据，其中包括人的临床观察、尸体解剖，他还第一次把数学中的定量思想、逻辑分析和生理测试等引进生理学研究，从各个方面证实了自己的理论。

事实胜于雄辩，哈维的血液循环理论最终被确认了。他坚持真理，以自己的行动冲破了禁锢、挑战了权威、实践了真理。后来，哈维这样告诫人们："无论是教解剖学的还是学解剖学的，都应当以实验为依据，而不应当以书籍为依据；都应当以自然为老师，而不应当以哲学为老师。"

文学的殿堂中从来不乏执着而坚定的人，自汉代至唐宋，社会上的文人雅士们无不在追求华丽的辞藻，专事铺陈，文章华美之风盛行。然而，韩愈、柳宗元却并未亦步亦趋，他们猛烈抨击内容空洞的骈文，发起了轰轰烈烈的古文运动。他们相信自己的判断，直斥文学的弊端，坚信文学需要改革才能重生。他们最终成功了，而中国文学也重焕生机，文学因他们而成为文学。

真理掌握在少数人手中，卓越者开始总是曲高和寡，平庸者往往附和者众。挑战权威的过程，要忍受不被人理解的困扰，要经历残酷的身心考验，就像凤凰必须在烈焰中重生一样。心胸坦荡、坚持真理、无所畏惧，这种有傲骨的人必定会取得最终的胜利。

不纠结于琐事，生活会更快乐

不纠缠于枝节杂碎的琐事，对无关紧要的事网开一面，用难得糊涂的态度，看纷繁复杂的人生。

无论对谁来说，"糊涂"都是一个贬义词。谁不希望自己以及自己的子孙都聪明伶俐呢？可是，人之一生太聪明、太看透、太清醒、太认真，反而会陷入是非得失的尘网里，不得自拔，徒增烦恼。

有位文化长辈很喜欢和青年人书信交流，却时常颇感不快，原因是这些青年们写给他的信不够正式、不够庄重。前段时间，一个青年在给他的信上漏写了"先生"的称谓，他以为这是对自己的不敬，于是大发雷霆，搞得关系一时十分紧张。过了一段时间，又有一个青年写了一封信，他没有漏写"先生"两个字，可这位文化长辈仍很不高兴，原因是对方呼他的名，而没有写他的字。古时"以表字称人为敬"，他认为这也是对自己的不敬。渐渐地，这些青年们便不再给他写信了。

常言"水至清则无鱼，人至察则无徒"，意思是说水太清澈就没有鱼，人过分精明就没有朋友。看来，生在是非纷扰、喧闹嘈杂的世俗社会，人不要活得太清醒，还是糊涂一些好，于是便有了"难得糊涂"一说。

"难得糊涂"是清朝名士郑板桥的名言，流传很广。"糊涂"之所以"难得"，是因为不糊涂的人，非得糊涂不可。本来不糊涂却要装糊涂，这就很难。尤其是什么时候该清醒、什么时候该糊涂，这个分寸就更不易把握。

郑板桥家境贫寒，但自幼好学，读书颇丰，他一直想利用做官的机会为民众做点儿有益的事。一句"康熙秀才、雍正举人、乾隆进士"，是他苦学历程的一个缩影，最终他如愿坐上了范县县令的位子。

郑板桥为人磊落正直，不容邪恶，廉洁奉公，关心民众，他曾经在灾荒之年为灾民赈济而触犯了上司。一般为官者都会了解，为政得罪巨室就难有好的下场，而郑板桥一反积习，独行其是，明知其不可为而为之。他对污浊腐败的官场十分不满，看不惯商人的巧取豪夺，常常得罪上司，最终被免官职。

苦于自己势单力薄，无力改变社会现实，又不愿意与贪官同流合污，郑板桥便让清醒的自己糊涂一些，免得遭受更大的精神痛苦。他没有和上司计较是非，也没为官场失意郁闷不乐，而是骑着毛驴悠然回到故乡，从此专注于诗、书、画，后因艺术精湛而闻名于世，被誉为"扬州八怪"之一。

郑板桥是个聪明绝顶的人，是通今博古的文豪，什么事都看得清清楚楚。当他看透世态，为免多惹烦恼，为免同流合污，他及早抽身。抛开消极遁世的倾向不论，郑板桥的"难得糊涂"四个字包含着多少感慨、多少叹息、多少沉重、多少忧伤，又有多少不满、多少牢骚在其中。

可见，"难得糊涂"不简单！"难得糊涂"与懵懂中不明事理、不分青红皂白地得过且过的真糊涂截然相反，它既是一种世事洞明的智慧，也是饱尝风霜雪雨、坎坷跌宕之后的顿悟，又是扫除障碍、迂回进取的人生策略，它需要超凡脱俗、胸襟坦荡、气宇轩昂、洒脱不羁、包容万象的气度。

只要我们掌握了"难得糊涂"这门大智慧和大哲学，胸怀坦荡豁达，不纠缠于枝节杂碎的琐事，对无关紧要的事网开一面，我们就能在纷繁复杂的人情世故中游刃有余地行走，也就能在波诡云谲的人生博弈中成就自己。

1797年，年轻的拿破仑·波拿巴将军在意大利战场取得全胜，凯旋后，他在巴黎社交界身价倍增，也成为众多贵妇追逐青睐的对象。尽管拿破仑对此并不热衷，可是总有一些人紧追不放，纠缠不休。比如，当时的才女、文学家斯达尔夫人几个月来一直在给拿破仑写信，想结识这位风云人物。

在一次舞会上，斯达尔夫人头上缠着宽大的包头布，手上拿着桂枝，穿过人群，迎着拿破仑走来。拿破仑实在无法避开，说："您应该把桂枝留给缪斯（即文艺之神）。"斯达尔夫人认为这是一句俏皮话，并不感到尴尬，而是追问拿破仑最喜欢的女人是谁。拿破仑出于礼貌，并没有采取直接的方式拒绝，也没有用"反正不是你"等词语回应，而是采用了答非所问、顾左右而言他的拒绝方式来答复对方。

"将军，您最喜欢的女人是谁呢？"

"我的妻子。"

"这太简单了，您最器重的女人是谁呢？"

"是最会料理家务的女人。"

"这我想到了，那么您认为谁是女中豪杰呢？"

"是孩子生得最多的女人，夫人。"

接着，拿破仑话锋一转："今天的葡萄酒真不错。"

斯达尔夫人："你很喜欢这种葡萄酒吗，那我们来喝两杯。"

"外面好像下雨了。"拿破仑望着外面，心不在焉地说。

斯达尔夫人也看了看窗外，"哦？将军，你喜欢下雨吗？我也很喜欢这样的天气。"

"对不起，斯达尔夫人。我想，我的妻子应该在给孩子们做饭了吧。"拿破仑继续说道。

这样一问一答，愈谈愈没趣，斯达尔夫人的脸色不好看了，她知道了拿破仑并不喜欢自己，于是只好扭着腰肢走开了，从此也不再给拿破仑写信了。

拿破仑运用装糊涂的智慧，答非所问、顾左右而言他，让斯达尔夫人知道自己并不喜欢她，奉劝对方好自为之。这样既能够保住对方的面子，又巧妙地达到了拒绝的目的。这虽然只是一件小事，却可见拿破仑为人处世的机智。

这里还有一个故事。

年逾七旬的退休工人刘阿姨有四个儿子，老少三代十多口人同住在一个大院子里，时间久了难免有各种是非。可是，令人不解的是，刘阿姨总是笑眯眯、乐呵呵的，整天到退休职工俱乐部和公园与老伙伴们一起聊天、跳舞，逍遥自在。当伙伴们问家里那么多人、那么多事，操心不操心时，刘阿姨笑着回答："操心不操心关键在自己，我有一个让自己不操心的诀窍，就是'假癫不痴'。不能事事认真，可管可不管的事，我一概不管。孩子们在我面前讲一些你长我短的话，我都装作没听见，只当耳旁风。"正是这种假癫不痴的做法，使刘阿姨少生了许多烦恼，得以健康长寿。现在社会充满了各种矛盾，是非曲直很难分得清。难得糊涂，把自己的聪明深深地藏在糊涂之中，跳出糊涂看明白，山外看山，乐在其中，这与大智若愚简直同出一辙，正如智谋过人的刘伯温所言："智而能愚，则天下之智莫加矣！"

工作中适当地糊涂一下，融洽了同事之间的关系；婚姻中适当地糊涂一下，品尝到的是爱情的甜蜜；朋友相处适当地糊涂一下，才能感受到友情的真诚；和家人相处适当地糊涂一下，才能体味亲情的温馨……

有一种明白叫糊涂，糊涂是一种大境界。

人生只要简单，用纯粹的心体味生活

简单不是对人生的退缩，不是清心寡欲，而是清醒中的深刻、明智中的理性。对自己简单一点儿，定能心静安然。

"人"字的结构一撇一捺够简单的了，人却是最聪明又最复杂的动物，偏偏习惯把简单之事复杂化，把微小之事放大化，如此生活就会变得冗繁复杂、沉重忙乱。时下，不少人成天喊"累"，累之根源正在于此。

一个哲人把一个孩子、一个物理学家、一个数学家同时请到一个密闭的房间里。在黑暗的房间里，哲人吩咐他们说："请你们各自用最廉价又最能使自己快乐的方法，看谁能最快地把这个房间装满东西。"

哲人吩咐后，物理学家马上伏到桌上开始画这个房间的结构图，然后埋头分析这个房间哪里是光线最佳的方位、在哪堵墙的哪个位置开一扇窗最合适。草图画了一大堆，他还是因不能确定在哪里打开一扇窗最好而苦恼着。数学家迅速找来尺子，开始丈量墙的高度和长度，然后仔细计算房间的体积，又苦苦思索怎样用最廉价的东西恰到好处地把这间房间填满。此时，那个小孩不慌不忙，他找来一支蜡烛，取来一根火柴，点燃了蜡烛，昏暗的房间一下子就亮了，他快乐地跳起舞来。

哲人问物理学家和数学家："难道你们没听过用烛光盛屋这个古老的民间故事吗？"

数学家和物理学家回答："我们知道这个故事，可我们是数学家和物理学家啊，怎么会用这么简单的方法去获取幸福呢？"

哲人叹了口气说："假如你们还是孩子，你们也一定会用这个方法的，但简单就能马上获取的快乐和幸福却被你们套上了一堆堆的图纸和公式。简单的心一旦复杂起来，欢乐和幸福就离你们越来越远了。"

同样一个问题，物理学家和数学家皱着眉头迟迟拿不出方案，一个孩子却轻轻松松地解决了。这个故事很有启迪性：我们都在大叹社会太复杂、人心太叵测，但是细析人生的诸多难题，实在不难体会出世界原本是简单的，复杂的是我们自己，正可谓"天下本无事，庸人自扰之"。

享受简单生活是否很难？不，世界纷繁复杂，人生可以复杂，也可以简单，而真正能够化繁为简的是"人心"，我们只需改变一下心态就可以了。近代文学家冰心老人说得好："如果你简单，那么这个世界也就简单了。"

《菜根谭》曰："此身常放在闲处，荣辱得失谁能差遣我；此身常在静中，是非利害谁能瞒昧我。"这句话的意思是说：把身心放在安闲的环境中，世间所有的荣辱、成败、得失都无法左右我，把身心放在安宁的环境中，人间的功名利禄和是是非非就不能蒙蔽我。可以说，这是对简单的最佳注释。

不过，置身于复杂浮躁的社会、琐碎忙乱的生活、烦冗迷乱的人际关系中，不再为赢得若干钱财而机关算尽，不必去勾画如何名利双收的蓝图，不必铆足了劲儿踏在潮流的前面满足虚荣心，也不再眼睛瞅着名牌别墅进口车而心存焦虑。抽身而出，简单地做人，简单地做事，实在是不简单。

所以，我们说简单不是平庸，而是深邃。简单是一种境界，是人生心境上的一种历练、豁达；简单是一种完美的生活态度，是经历人生冗杂后凝就的一份精髓。简单是平息外部无休止的喧嚣、回归内在自我的唯一途径。一个人修养的高低，就看他的生活是简单还是复杂。

那些熟稔自然、超然顿悟的大师往往都有一颗纯粹之心，不喜欢绕着圈子说话，不愿意做违心的表达，是是非非，绝不作假；胸无城府，简单淳朴。老子三言两语，孔子述而不作，庄子善假于物。作为思想家，世界没有那么复杂，语言没有那么复杂，思想也没有那么复杂，所以他们青史留名。

与其抱怨世界复杂，不如心态平和，心简单化了便会淡然及豁达。"删繁就简三秋树，标新立异二月花"，从头绪杂乱的生活中跳出来，从纷繁复杂的事务中走出来，不受世俗约束，不顾繁文缛节的束缚，简单点儿，再简单点儿。这种化繁为"简"是一种能力，更需要一种心智。

爱因斯坦生于德国一个贫困的犹太家庭，从小饱经苦难。一举成名后，各种荣誉和优厚待遇纷至沓来，他却淡泊名利，依然保持当年穷学生简朴的生活方式，全然不顾别人说他是"小气鬼"。爱因斯坦一度受邀去荷兰莱顿大学执教，他对宿舍的要求是有牛奶、饼干、水果，再加一把小提琴、一张床、一张写字台和一把椅子即可。学校当然全部满足了他的"奢求"，爱因斯坦兴高采烈地喊道："有了这些东西，我还需要什么？什么都不需要啦！"

不管何时何地，爱因斯坦始终奉行自己简朴的生活方式。1929年，他应比利时伊丽莎白王后之邀访问布鲁塞尔。皇家车队在头等车厢外等候了好久也不见爱因斯坦的影子，只好空车回宫。不久，爱因斯坦居然独自来到王宫。原来他没有坐头等车，而是坐了三等车。他还婉言谢绝住进豪华的王宫，坚持下榻三等旅馆。1933年，为躲避法西斯迫害，爱因斯坦移居美国，普林斯顿大学以当时最高年薪1.6万美元聘请他，他却说："这么多钱！能否少给一点儿？3000美元就够了！"人们大惑不解，他脱口道："依我看，每件多余的财产都是人生的绊脚石；唯有简单的生活，才能给我创造的原动力！"

爱因斯坦在《我的世界观》一文中说："生活的本质和精髓原本就是简单生活，而不是复杂生活，更不是奢侈生活。我从来不把安逸和快乐看作生活目标的本身，而是把追求简单当作人生的一种高境界。"1955 年 4 月,在生命的最后一刻,这位科学巨匠都不改初衷,固守"简单",他的遗言是:不发讣告、不搞葬礼、不建坟墓、不立纪念碑……这就是科学家的胸怀与人生观!

"多余的财产是人生的绊脚石,简单的生活才是创造的原动力。"仔细思忖,爱因斯坦的话绝非"作秀",这正是他伟大的"秘诀"!试想,倘若不婉拒各种社交活动与宴会,倘若不是将功名利禄视为身外物,他有足够的时间致力于量子理论研究吗?他有足够的精力献身于枯燥的科学事业吗?

清人刘大魁在《论文偶记》中写道:"凡文笔老则简,意真则简,辞切则简,理当则简,味淡则简,气蕴则简,品贵则简,神远而含藏不尽则简,故简为文章尽境。"做美文须如此,做人也一样。一份淡定、一份澄明、一份雅致,在简单中顺畅,在简单中成就,在简单中自得,这种简单很可敬,此种心境甚可贵。

让我们洗净心灵的积垢,用纯粹的心去体味生活,人生只要简单,不要繁杂。

第 | 七辑
不攀比，幸福是自己的事

　　大千世界，滚滚红尘，人人都面对诱惑，无论是心理的、身体的、还是精神的。面对诱惑，要学会拒绝，能够把持，给自己一份安宁，给心灵一片净土，能定而后净。原谅世间的纷纷扰扰，安心做自己就好。

保持心智的清醒，不图虚名

不为浮云遮望眼，懂得如何对待人生中的诱惑，要做到忍名、舍誉、去贪欲。

我们提倡做人要品格高洁，那么就需要做到忍名、舍誉、去贪欲。也就是说要以正当的途径获得名誉，在不属于自己的美名前要止住脚步、忍住诱惑，莫为浮名遮望眼，以保持自己人格的清洁，以免留下终身的骂名。

俗话说"雁过留声，人过留名"，谁也不想默默无闻地活一辈子。而且客观地说，求名并非坏事，一个人有名誉感就有了进取的动力。但凡事以适度为宜，求名心太切，受其诱惑，妄图功名，有时就容易生邪念、走歪门、无中生有，结果名誉没求来，反倒臭名远扬，遗臭万年。

中世纪的意大利有一个叫尼古拉·塔尔达利亚的数学家，他热爱数学，才智过人，又十分勤奋好学，在国内的数学擂台赛上享有"不可战胜者"的盛誉。他经过自己的苦心钻研，找到了一元三次方程式的新解法。

这时，有个叫卡尔丹诺的人找到了塔尔达利亚。他是医生，拥有高尚的职业，数学是他的业余爱好，他诚心又热心地向塔尔达利亚讨教，声称自己有千万项发明，只有一元三次方程式对他是不解之谜，并为此而痛苦不堪。

善良的塔尔达利亚被哄骗了，把自己的新发现毫无保留地告诉了卡尔丹诺。谁知仅过了几天后，卡尔丹诺以自己的名义发表了一篇阐述一元三次方程式新解法的论文，并大言不惭地宣称这是他自己最新的发明，却只字不提塔尔达利亚的名字，这就是"卡尔丹诺公式"。卡尔丹诺担心塔尔达利亚指证自己，便暗地收买亡命徒秘密地将塔尔达利亚杀死了。

卡尔丹诺的这一欺世盗名、丧尽天良的无耻行径虽然在相当一段时期里欺瞒住了人们，但真相终究还是大白于天下了。现在，卡尔丹诺的名字在数学史上已经成了"数学骗子"、"剽窃者"的代名词。

卡尔丹诺并非无能之辈，就他自己的成就来说已然不错。糟糕的是，他人心不足、欲无止境，他过分追求浮名，妄图流芳百世，以致弄巧成拙，美名变成恶名，真是可悲。他因求虚名而身败名裂的例子确实发人深省。

求名并无过错，关键是不要死死盯住它不放，盯花了眼。有时，既未沽，也未钓，更未盗，美名便戴到了自己的头顶，这又当如何呢?!

第二次世界大战期间，美军与日军在依洛吉岛展开了激战，最后将日军打败，把胜利的旗帜插在了岛上的主峰，心情激动的陆战队员们在欢呼声中把那面胜利的旗帜撕成碎片分给大家，作为终生的纪念。

无疑，这是一个非常有意义的场面，后来赶来的记者打算把它拍摄下来作为纪念，就临时找来六名战士重新演出这一幕。其中有一个战士叫海斯，是一个在战斗中表现一般的人，可是由于这张照片的作用，他成了英雄，在国内得到一个又一个的荣誉，他的形象被印在邮票、香皂物品等上，家乡也为他塑了雕像。

这时，海斯的心是极为矛盾的：他一方面陶醉在周围众多的赞扬声中，一方面又怕真相被揭露，因此又陷入名不副实的内疚、自愧之中。在这样的心理状态下，他每天只好用酒来麻醉自己，最终以死亡祭奠了对他充满赞歌的人世。

美名，美则美矣！只是对于还有一点儿正义感、有一点儿良知的人，面对不该属于他的美名，受之可以，让他坦然却未必办得到！得到的是美名，得到的也是一座沉重的大山、一条捆绑自己的锁链，早晚会被压垮，压得喘不过气来。

君子求善名，走善道，行善事。小人求虚名，弃君子之道，做小人勾当。还是苏东坡先生说得好："苟非吾之所有，虽一毫而莫取。"名是人生价值实现的重要标志，但应该做到取之有道、名副其实。所以，做人诚实一些，自己没有功绩就坦白地承认，这样你反倒有可能得到美名。

事实上，个人的名声和成绩是否能够流传后世，绝对不是仅靠自吹自擂、欺世盗名就能行得通的。真正取得过显赫成就却又视名声和荣誉为浮云的人才活得真实、活得自在，更受世人称道。那些人格高洁的人都是这样做的，无论外界有多少诱惑，他们都会固守自己的人生原则，保持清醒的心智，不过分追求个人名誉，不为浮云遮望眼，忍名、舍誉、去贪欲，办实事、求实绩。

在这一点上，季羡林先生为我们做了良好的典范。

季羡林先生学富五车、满腹经纶，著作等身，精通 12 国语言，是深受众人敬仰的大师。这不仅因为他在学术上的非凡成就，还因为他崇高的人品，尤其是他不图虚名，三辞"国学大师"、"学界泰斗"、"国宝"这三顶多少人求之不得的光荣桂冠，始终能够踏踏实实做学问，这在社会各界已传为美谈。

对于众人给予的三顶桂冠，季羡林先生感觉是"浑身起鸡皮疙瘩"。对此，他在《病榻杂记》中力辞这三顶"桂冠"："环顾左右，朋友中国学基础胜于自己者大有人在。在这样的情况下，我竟独占'国学大师'的尊号，岂不折杀老夫！我连'国学小师'都不够，遑论'大师'！""我一生做教书匠，爬格子，在国外教书 10 年，在国内 57 年。说我一点儿成绩都没有，那也不符合实际情况。但是，滔滔者天下皆是也，偏偏把我'打'成泰斗，我这个泰斗又从哪里讲起呢？""在一次会议上，北京市的一位领导突然称我为'国宝'，我极为惊愕，大惑不解。是不是因为中国只有一个季羡林，所以他就成为'宝'。但是，中国的赵一、钱二、孙三、李四，等等，也都只有一个，难道中国能有 13 亿'国宝'吗？""为此，我在这里昭告天下：请从我头顶上把这三个桂冠摘下来。"

"三顶桂冠一摘，还了我一个自由自在身。身上的泡沫洗掉了，露出了真面目，皆大欢喜。"季羡林先生如是说，"学术是老老实实的东西，不能掺半点儿假，沽名钓誉。通过个人努力或集体努力，老老实实地做学问，得出的结果必然是实事求是的。这样做，才算是有学术良心。"

季羡林先生不为名利所累，不为浮华所惑，坚守人格操守，把当之无愧的"国学大师"、"学界泰斗"和"国宝"三顶帽子统统甩掉，只为还"一个自由自在身"，表现了其不慕虚名的风骨，此等才高品亦高的言行风范不能不令人"高山仰止，景行行止，虽不能至，然心向往之"。

庄子曰："至人无己，神人无功，圣人无名。"意思是"修养最高的人忘掉自我，修养较高的人无意追求功业，有学问道德的人无意追求名声"。这是告诉我们，功名是虚浮之事，也是身外之物，我们不应被其左右。

让我们始终牢记这样一句话：追求功名要正当，要留清白在人间！

不为名利所动，也不为浮华所惑

钱财对于人来说固然重要，但世界上还有比钱更重要的东西。守住内心，不为名利浮华诱惑，这才是真正的"心中有主"。

人们常把金钱称作万恶之源，其实可怕的不是金钱，而是自己的贪欲。当面临金钱诱惑的时候，无法做到理智清醒、坚守自我，就会为其所困，甚至一生都要为它所左右。正如哲学家所说的那样："他并没有得到财富，而是财富占有了他。"

每个人都有追求财富的权利，赚钱是可以的，致富也应当，但切不可钱迷心窍、见利忘义，用不正当的手段去赚钱，走歪门邪道去致富，甚至不惜出卖自己的道德与良心。

不可否认，钱财对于人来说很重要，但人不能钻到钱眼儿里去，因为世界上还有比钱更重要的东西，那就是大义。利和义是一个矛盾体，大到国家和社会的治理，肯定需要平衡利和义的矛盾，否则社会肯定会出问题；小到家庭和个人关系，也需要处理好利和义的对立统一的问题。

人生的目的不是获取最大化的利益，而是正义和尊严。中国历史上，许多仁人志士轻利重义，为了坚守心中的正义与良知，果断地弃利取义。中国有句古话云："人活一口气，树活一张皮。"说的就是做人要有骨气，保持善良纯真的本性，不为利益浮华所诱惑，不轻易放弃自己做人做事的原则。

《三国演义》中花了很大的篇幅来介绍关羽重义轻利的义举。

关羽是三国时期蜀国的名将。东汉末年，汉室倾颓，董卓篡权，天下大乱，豪杰并起。自小家境贫寒的关羽投奔打着"复兴汉室"旗号的帝室之胄刘备。之后刘备、关羽和张飞在桃园三结义，许下了同生共死的誓言，由此关羽开始为刘备赴汤蹈火，屡立战功。

当关羽与刘备、张飞在曹操的追剿下被冲散之后，为了保护刘备的夫人，他在曹操部将张辽的游说下暂时投降，但"身在曹营心在汉"。曹操为了收买关羽的人心，用尽请客送礼等各种办法，还相继给关羽送来美人、黄金、战袍、赤兔马，又利用手中的权力封了关羽一个"汉寿亭侯"。

尽管这些物质利益很诱人，但始终未能改变关羽对刘备的忠义，他坚持"若知皇叔下落，虽赴汤蹈火，必往从之"。当打听到刘备的下落之后，关羽毅然封金挂印，过五关、斩六将，克服了重重困难险阻，护二位皇嫂回到刘备身边，兄弟相聚，真可谓忠义关云长，令人肃然起敬、为之动容。

孟子曰："生，亦我所欲也；义，亦我所欲也；二者不可兼得，舍生而取义者也。"荀子曰："义中之利，君子所贵也。先义后利者荣，先利后义者辱。"在利与义之间，他们的做法是舍利取义，这正是君子之所为。

因此，在追求财富的过程中，我们需要固守内心的一份坚定，控制对金钱的欲望，张弛有度。君子爱财，取之有道，通过正当的手段劳动致富，这样的钱财拿着才放心，也更容易获得安心的生活方式。

徐鑫是一家 IT 公司的技术骨干，由于公司准备改变发展方向，他觉得公司不再适合自己，准备换一份工作。以自己在行业内的影响力以及自身的能力，徐鑫决定去本市最大的一家 IT 公司应聘。

该公司负责面试的经理对徐鑫的资历和能力很满意，却提了一个让徐鑫大为吃惊的条件："我听说你原来的公司正在研究一种新软件，你也参与了这项技术的研发，如果你能把研究的进展情况和取得的成果告诉我们，明天你就可以来上班，而且你的工资将会是原来的两倍……"

尽管徐鑫对这家公司的影响力和实力都很满意，但他保持住了理智清醒，他认为为了个人利益出卖公司万万不可，于是他态度坚决地说："我不能答应你的要求，尽管我已经离开原来的公司，但我绝不会因求取一份工作而做出卖公司的事情。"

徐鑫以为自己不可能得到这份工作了，但就在当天晚上，那位经理打来了电话，他诚恳地说："你被录取了，并且让你做我的助手，不仅是因为你的能力，更因为你舍利取义的优秀品质。你是好样的！"

当公司与个人利益发生冲突时，徐鑫没有为了自身利益而出卖原来公司的机密。这样的做法正是舍利取义。这样的人是值得信任的，也是值得尊敬的，结果他获得了面试官的认可，得到了自己理想中的工作。

"天下熙熙，皆为利来；天下攘攘，皆为利往"。以节义贞操为重，不为利益浮华而变，不因贪图财富而不择手段，不为个人利益出卖道义，我们就一定能达到君子之境界，获得人生的更大成就。

坚持一条自己的路，收获属于自己的幸福

保持理智清醒的头脑，坚守清晰的人生目标，坚持走一条自己的路，
方能彰显出一份泰然自若的大气之美。

在追求事业理想的过程中，保持理智清醒的头脑，坚守清晰的人生目标，坚持走一条自己的路是必要的也是必需的。倘若总是朝三暮四、随波逐流，这种人要么是懦夫，要么是伪君子，绝不是能成大事的人。

有这样一个人，他一心一意想升官发财，可是从风华正茂熬到斑斑白发，却还只是一个不起眼的小职员。他整天都是郁郁寡欢，每次想起自己的一生就唉声叹气，有一天竟然号啕大哭起来。

一位新同事刚来办公室工作，见此场景觉得很奇怪，便问他为何如此难过，他回答道："唉，你有所不知。年轻时，我的上司爱好文学，我便学着作诗、学写文章，想不到刚觉得有点儿小成绩了，却又换了一位爱好科学的上司。于是我赶紧开始研究物理，不料上司嫌我学历太浅，还是不重用我。后来，换了现在这位上司，我自认文武兼备，人也老成了，谁知上司喜欢青年才俊。我一直想得到上司的欣赏和重用，为上司们活了一辈子，但是……"说着，这个人又禁不住地哭泣起来，"如今我年龄渐大，过不了几年就要退休了，但是却一事无成，你说我怎么不难过？"

故事中的这个人处心积虑地为上司而活，太在乎上司的眼光，一味地讨好上

司，随着上司的喜好东一锤子，西一棒子，如此没有自我的生活必然是索然无味的、苦不堪言的，心也不得轻松，人也总是绵软无力的。

美国著名心理学家马斯洛认为，每个人都有归属和自尊的需要，即每个人都希望能得到别人的认可，希望别人给予自己肯定和积极的评价，这本无可厚非，但如果为此费尽心机，小心翼翼行事，则很容易搅乱自己的心智，难做真正的自己，将自己搞得身心疲惫，也就是说把自己"扼杀"了。

身体是自己的，生命是自己的，灵魂是自己的，人生也是自己的。既然如此，我们就没有必要刻意去追寻别人的认可、赞同与肯定，更无须太在意别人的眼光，只需确定内心真正的追求，活出自己真实的样子，内心淡然而定，这种心理力量是非常强大的。

其中，陶渊明就是最具代表性的一例。

公元405年秋天，41岁的陶渊明为了养家糊口，在朋友的劝说下出任离家乡不远的彭泽县令。这年冬天，朝廷派督邮来了解情况。这位督邮是一个粗俗而又傲慢的人，他一到彭泽县的地界，就派人叫县令来拜见他。

陶渊明得到消息，虽然心里对这种假借上司名义发号施令的人很瞧不起，但也只得马上动身前去迎接。这时，有人拦住陶渊明说："我看你还是先换一身衣服再去吧，我听说参见这位官员必须穿戴整齐、恭恭敬敬，这样才能博得他的欢心，否则他会在上司面前说你的坏话。"

陶渊明听后长长叹了一口气："我不愿为了小小县令的五斗薪俸，就低声下气去向这些差劲的家伙献殷勤。"说完，他马上写了一封辞职信，离开了只当了八十多天的县令职位，从此再也没有做过官。

从官场退隐后的陶渊明在自己的家乡开荒种田，过起了自给自足的田园生活。在田园生活中，他找到了自己的归宿，写下了许多优美的田园诗歌："暖暖远人村，依依墟里烟"、"采菊东篱下，悠然见南山"……最终，这些诗歌将陶渊明推到中国田园诗人代表、著名文学家的位置上。

为什么陶渊明归隐山中，过着"采菊东篱下，悠然见南山"的悠闲恬淡的生活而被后人称颂？这正是因为他不愿随波逐流，不肯趋炎附势，杜绝了诱惑，战胜了困难，坚持走自己的路，维护了自己的心灵自由和人格尊严。这种轻看权名、不求富贵的气度让人敬佩，这种旷达也是一种人生乐趣。

"莲之出淤泥而不染，濯清涟而不妖，中通外直，不蔓不枝"。北宋著名哲学家周敦颐用他的生花妙笔几句便活化出一副君子形象。至诚的君子人格是一种始终不渝的执着信念，是一种在任何情况下都能自觉的习惯。君子莲之美，美在纯洁，也美在品格。人亦是如此。不必一味地讨好别人，恪守自己的情操，坚持走一条自己的路，排除外界的干扰和诱惑的路，一个人的伟大之处莫过于此。

成功学大师卡耐基也曾告诫我们："发现你自己，你就是你。记住，地球上没有和你一样的人……在这个世界上，你是一种独特的存在。你只能以自己的方式歌唱，只能以自己的方式绘画。你是你的经验、你的环境、你的遗传因子所造就的你。"保持自我本色和自我风格，才能主宰自己的命运。

更何况，每个人的利益是不一致的，每个人的立场、每个人的主观感受也是不同的，想做到面面俱到是绝对不可能的。即使我们千般小心，万般在意，也照样还会有人不满意。别人怎么看你那是别人的事，有时你明明已经很努力了，可别人还是觉得不好，你总不能一辈子为别人而活吧？

所以，我们此生不一定要干大事、成大业，但一定要知道自己活着的意义，要对自己所走的路保持清醒的头脑，不必在乎别人的眼光，不必苛求别人的赞赏，如此才能让心灵发出更为笃定的力量，踏踏实实地走好每一步，才能明明白白地收获属于自己的幸福。

不攀比，幸福是自己的事

幸福是自己的事，从来就好端端地在那里，不增也不减，不攀比就能知足，知足即幸福。

有些人的攀比心理严重：你买了一枚金戒指，我就要买一条金项链；你买100平方米的房子，我就要买150平方米的房子；你签了一份大订单，我就要拿下一份更大的单子；你升职为部门经理，我就要当级别更高的首席执行官……

俗话说"人比人，累死人"，攀比心理是危险的。你有一个，我就要两个，你有两个，我就要四个，外界的诱惑永远都在，心理就永远得不到满足。正如一句格言所说："如果你仅仅想获得幸福，那很容易就会实现，但是，如果你希望比别人更幸福，那将永远都难以实现。"这正道出了生活中烦恼的根源。

攀比的现象，在实际生活中很是常见。

殷梅是一位都市白领，婚后一直和丈夫租房住。后来一位朋友买了新房，殷梅眼红心动，和丈夫吵着闹着要买房。由于资金有限，两人精挑细选后在郊区定了一套二居室的房子。住自己的家自然舒适又方便，殷梅心中乐开了花。

但是没过多久，另一位好朋友也买了一套房。装修好后，朋友打电话让殷梅到家里参观。朋友的房子地段好，而且房子还很大，里面装修得也很高档，于是殷梅原本买到房的好心情被朋友"更好"的房子给冲击掉了。

再回到家，殷梅怎么看都觉得自己的房子不够好，再也没有舒适、方便的感觉了。后来她又劝丈夫"重新动动",要在市区买房,而且还要和那位朋友住同一栋楼。夫妻俩为此整日钩心斗角,好好的家庭从此变得鸡犬不宁。

看到了吧,这就是攀比心理作祟的后果。很多时候,我们之所以不够幸福,并不是因为处境不尽如人意,而是我们习惯将自己的幸福建立在与他人比较的基础之上,只要尝试过一次"更好"的滋味,就想寻求到更多的"更好",让所得到的也变得毫无生机和意义,这是一个多么愚蠢的决定。

一位大师说过这样一句话:"玫瑰就是玫瑰,莲花就是莲花,只要去看,不要攀比。"的确,玫瑰有玫瑰的娇艳,莲花也有莲花的清淡,两者没有根本的可比之处,无须比较,用心欣赏就能享受到快乐和满足,不是吗?

事实上,一个成熟的人是不会与别人进行肤浅、无聊的攀比的,因为他明白,每个人都是完全不同的个体,根本不具可比性。执迷于攀比,试图在与他人的比较中建立生命价值感,是一个人内在虚弱的表现。而且,凡事就像一个硬币,有正面,也有反面。生活也不例外,它是公平的,无论你得到了什么,都要以另一种方式付出代价。所谓"人人都有一本难念的经",正是这个道理。

比如,生活中有些人被提拔了,收入翻倍,但是光鲜的背后却是不为人知的心酸,要通宵达旦地加班、彻夜不眠地思考;有些人有权有势、人脉广博、风光无限,但他们要为周围复杂的人脉顾及周全,马不停蹄地奔波在各种无聊的应酬中;当羡慕别人的男友英俊潇洒、浪漫多情时,你是否想过这个女人要时刻保持敏感的神经,备好"武装"驱赶他身边的"桃花"……不是吗?

山外青山楼外楼,比来比去何时休?而且,所有的成功都是通过努力才获得的。少一点儿攀比之心吧!摆正自己的心态,理智清醒一点儿,不如人时多想想自己的实力,多汲取别人的一些成功经验,内化为自己的优秀品质,尽最大的努力过好自己的生活。如此你会发现,获得幸福、快乐、成功并不是多难的事。

文娟和莫莉是同窗好友,文娟的能力及家世都好,步入社会后,事业即一帆风顺,短短几年就位居某公司经理,有房有车,意气风发,不可一世;莫莉虽有才能，不知是努力不够，还是运气较差，几年下来，工作始终不如意。

　　莫莉一度眼红于文娟的优秀，心里不免有股怨气："哼，以后我要买比你更大的房子，买比你更高级的车子，我要比你更有出息……"但是，很快莫莉就发现这种攀比的生活方式一点儿也不快乐，于是她开始调整自己的心态："我的房子不大，但温馨就好；我的工作平凡，但找到自己的价值就好……文娟的生活虽然值得羡慕，但这些都是她一步步奋斗而得来的。"

　　之后，莫莉不再与文娟攀比，而是安心地做自己的工作，并努力培养自己的实力。莫莉对于工作是极其认真的，她稳扎稳打，最终凭借多年累积的经验、实力及资源获得了施展的空间，事业渐入佳境。

　　生活的标准和幸福的定义来自自身对人生的参悟，保持平和的心态，知道自己想要什么，不和别人攀比，不要奢求太多，懂得满足，只要满足了自己的所需就是快乐的，这是一种生活的智慧，也是一种内心的修养。

　　享受真正属于你的幸福生活吧！经营小本生意，不妨安然于那份平和与宽裕；事业有所发展，大可以欣喜于蒸蒸日上的物质水平；如果有雄厚的资产，那就心安理得地享受富足的劳动果实吧，只是不可丢弃进取心，不可存有攀比心。

　　最后，当你心情烦躁的时候，请自觉地自问一下："我是否正处于攀比后不平衡的心理状态下？"如果是，那么请赶紧远离攀比，把目光从别人的身上收回来，尽早认清自己，回到自己的生活中来，寻找自己的幸福。

去除私欲，就能无所畏惧

"无欲则刚"，只要去除私欲，就能无所畏惧；无所畏惧，

就能一身正气，刚正不阿。

一个人如果放任无止境的欲望，拥有了还想拥有更多，就很容易迷失本心本性，招致身心之役，甚至一无所获。

这里有一个小故事，足以引人深思。

有一个农夫救了地主一命，地主为了报答农夫的救命之恩，于是决定送给他一块土地。地主告诉他："明天从太阳升起的时候算起，你从这里往外跑，跑一段就插一根旗杆，直到太阳落下地平线跑回来，你所插上旗杆的地都将归你。"

农夫身强力壮，跑步可难不倒他，一听到这样就可以得到土地，他高兴得手舞足蹈，心想："那我明天多跑一些路，这一天辛苦下来，岂不是可以圈很大一块地？我就可以一辈子享受这一大块地了，这个主意真是太棒了！"

第二天，太阳刚一露出地平线，农夫就迈着大步向前疾跑，他拼命地跑啊跑啊，步子一分钟也没停下，太阳偏西了还不想回来。眼看着太阳快要下山了，他才开始着急，于是加紧了脚步，走斜路向起点赶去。

只差两步就到达起点了，但是农夫的力气已经耗尽，他上气不接下气，瘫倒在地主的跟前了，倒下的时候，两只手刚好触到起点的那条线。农夫这一瘫就再没起来，于是地主找人挖了个坑，就地把他埋了，说道："一个人要多少土地呢？

其实就这么大！"

故事中的这位农夫一心想得到更多的土地，最后他是得到了很多的土地，可是又有什么用呢？他把自己的性命都给搭了进去，没有了生命，再多的土地还有什么意义呢？只剩下了埋葬自己的那点儿土地。

俗话说"祸莫大于不知足，咎莫大于欲得"，意思是说人生最大的灾祸就是不知足，最大的过失就是贪婪。那些生活中的智者懂得这一点，所以他们面临五彩缤纷的诱惑时总是能够守住自己的内心，控制住自己的欲望，抵达无欲则刚的大境界。

明代著名政治家、清官海瑞正是"无欲则刚"的典型，他那像大山一样刚正不阿的气节和大义凛然的风范，至今仍令人无限钦敬和广为借鉴。

海瑞在湖南延平府南平县任教官时，延平府的督学官到南平县视察工作，海瑞和另外两名教官前去迎接。在当时的官场上，下级迎接上级一般都是要跪拜的，因此随行的两位教官都跪地相迎，可海瑞却站着，只行抱拳之礼，三人的姿势俨然一个笔架。这位督学官大为震怒，训斥海瑞不懂礼节。海瑞不卑不亢地说："按大明律法，我堂堂学官，为人师表，对您不能行跪拜大礼。"这位督学官虽然怒发冲冠，却拿海瑞没办法，海瑞由此落下一个"笔架博士"的雅号。

过了几年，海瑞因为考核成绩优秀，被授予浙江严州府淳安县知县。淳安县经济落后，又位于南北交通要道，接待应酬多如牛毛，百姓不堪其扰。明朝抗倭名将胡宗宪的儿子路过淳安县索要见面礼，海瑞不给，胡宗宪的儿子向驿吏发怒，把驿吏倒挂起来。海瑞说："过去胡总督按察巡部，命令所路过的地方不要供应太铺张。现在这个人行装丰盛，肯定不是胡公的儿子，没收他的全部银两放到县库中。"随后派人乘马报告胡宗宪，胡宗宪并未因此治罪于他。

当时明世宗迷信巫术，生活奢华，不理朝政，而朝廷大臣自杨最、杨爵因谏言获罪以后，没有人敢议论时政。海瑞对此十分不满，买棺材、别妻子、散童仆，以死上书，指出明世宗的弊端，劝诫他应该整理朝政，因而激怒明世宗，下令将海瑞逮捕到东厂禁锢。直至同年 12 月明世宗驾崩，明穆宗即位，海瑞才出狱。

海瑞的"刚"，源于"无欲"。他克己奉公，两袖清风。为官几十年，他穿布袍、种菜自给，一日三餐只吃"落斛粥"（次米熬成的粥），一切唯温饱能居而已。一日母亲大寿，海瑞上街买了二斤肉，屠夫感慨道："没想到我这辈子还能做上海大人的生意。"外任地方大员时，海瑞规定自己每餐饭食连同薪柴、茶水、蜡烛等项费用不超过三钱，在物价便宜的地方则不超过两钱。

海瑞对个人、对生活从无他求，因此了无牵挂，不怕丢官，不怕杀头，为江山社稷和黎民百姓敢于搏击权贵，抑制豪强，怒犯龙颜。若他不能"克己"，沾染不义之财，落下把柄在人手中，恐怕再想刚强也只会是刚出笼的豆腐，刚强不起来，正可谓"吃了人家的口软，拿了人家的手软"。

"无欲则刚"，善哉斯言！它揭示了一个道理："无欲"是前提，"刚"则是结果。只要去除私欲，就能无所畏惧；无所畏惧，就能一身正气、刚正不阿。在诱惑面前守正而行，这是一种坦坦荡荡的气度，一种超然物外的自在，正可谓"无欲自然心似水"、"无求胜于三公上"。

在《菜根谭》中，舍弃了功名利禄、归隐山林、洗心礼佛的明人洪应明在静修禅悟之后对人生之"欲"进行了一番精辟的论述："人生只为'欲'字所累，便如马如牛，听人羁络；为鹰为犬，任物鞭笞。若果一念清明、淡然无欲，天地也不能转动我，鬼神也不能役使我，况一切区区事物乎！"

当今时代，面对错综复杂的大千世界，面对来自方方面面的种种诱惑，我们如何才能警策和把握住自己呢？无疑，无欲则刚是我们立身行事、保持节操的根本。我们若能真正恒久地坚守并践行之，就能不为非分之欲所迷惑，就能做到心灵圣洁不贪欲，做一个行事稳重的谦谦君子。

心境恬淡，是繁华后的领悟

面对方方面面的诱惑，人是需要保持一份恬淡的心境的。淡泊明志、不以物移，再平淡的生活也能领略到无尽乐趣。

常有这样一种人生观：人当有高远的理想，壮志凌云，气冲霄汉，可是许多人在追名逐利上最大化地下功夫。他们追求生命中的华彩，哪怕只是短短的瞬间，与此同时，也鄙视风平浪静、波澜不惊的人生。

殊不知，红尘世界既不是有钱人的世界，也不是有权人的世界，它是有心人的世界。正如诸葛亮以"宁静以致远，淡泊以明志"为座右铭一样，人要有淡泊名利的心境。

"曾经在幽幽暗暗、反反复复中追问，才知道平平淡淡、从从容容才是最真"。这是一首很多人耳熟能详的流行歌曲中的歌词，虽通俗，道理却很深刻：保持一份平和恬淡的心境，享受平平淡淡的生活，这才是生活的常态。淡泊是一个人的修养，是一个至高的精神境界，是一种气宇轩昂的风度。

曾经有位学生问老师："你觉得生活应该像什么？"

老师指着桌子上的水杯回答道："生活应该像一杯平淡的白开水。"

的确，高山无语，深水无波，绚烂之极总归平淡。短暂的激情过后总是难免趋于平淡，繁华过尽皆成梦，平淡人生才是真。不过，这里所谓的平淡既非平庸之平，更非淡而无味之淡，而是深入的淡定，内心的祥和。

一切最简单的，都是返璞归真的。面对形形色色的诱惑，人是需要保持一份恬淡的心境的。就像著名的学者及翻译家辜鸿铭先生说的："一个人如果能受得了平淡，才是真正的修养到家。"

萨依特曾是埃及的一位政府高官，他在 34 岁就做了副市长，政绩突出，前程灿烂。但就在他飞黄腾达的时候，因城市发生的一场大火被免了职，那年他 37 岁。大家都为萨依特惋惜，认为他会非常痛苦，谁想萨依特却平静地回到乡村，在自家的小菜园上种菜、施肥、捉虫，过起了平民百姓的平淡生活。

离官退位后，萨依特的周围依然是一些显赫的人士：富翁、高官、大财团的董事长……但是萨依特与他们讨论的再也不是有关官场、名利等的话题。他更喜欢一个人走村串巷，向乡人讨教怎样才能管理好自己的菜园、什么时节该播什么种子等，同时收集一些民间陶器作为自己的爱好。

七八年过去了，萨依特一共收集了几十件世界顶级民间珍宝，而且每一件都在千万美元左右，他成为令人羡慕的世界级收藏大师。谈及自己的成功，萨依特说："因为我过得十分简单平淡，这使我不但摆脱了烦恼，也让我可以不受外界的干扰，一心一意地鉴别陶器，做自己的事情。"

诚然，不懈奋斗者可敬，勇于进取者可钦，开创壮举者可佩，但淡定恬静者能够堂堂正正做人、踏踏实实做事，最终会获得精神的享受，达到生活的极致。从这个意义上讲，"看天上云卷云舒，去留无意；望庭前花开花落，宠辱不惊"，淡泊明志、不以物移，更是人生之路的终极领悟。

弘一法师俗名李叔同，清光绪年间生于富贵之家，是一位才华横溢的艺术家，是名扬四海的风流才子，集诗词、书画、篆刻、音乐、戏剧、文学等于一身，在多个领域中开创了中华灿烂文化之先河，用他的弟子、著名漫画家丰子恺的话说："文艺的园地，差不多被他走遍了……"

但是，正当盛名如日中天时，李叔同却彻底抛却了一切世俗享受，到虎跑寺削发为僧了，自取法号弘一，落尽繁华，归于岑寂。出家 24 年，他的被子、衣物等一直是出家前置办的，补了又补，一把洋伞则用了三十多年，所居寮房，除了一桌、一橱、一床，别无他物。他持斋甚严，每日早午二餐，过午不食，饭菜极其简单。

弘一法师以教印心，以律严身，内外清净，写出了《四分律戒相表记》《南山律在家备览略篇》等重要著作……他在宗教界声誉日隆，日益成为誉满天下的大师。对于此，丰子恺在《我的老师李叔同》中说："李先生放弃教育与艺术而修佛法好比出于幽谷，迁于乔木，不是可惜的，正是可庆的。"

这是何其平常而又不寻常啊！李叔同大师盛名如日中天，坐拥荣华富贵，却削发为僧，落尽繁华，归于岑寂，并且做得认认真真、平心静气。心中若没有一种淡泊明志、不以物移的气度，能达到这种"绚烂之极归于平淡"的境界吗？

弘一法师的成功经验再一次向我们证明：理智清醒、坚守自我，不为外界的诱惑所扰，保持心灵的清虚空灵、纯真无妄，认认真真地经营好当下，再平淡的生活也能领略到无尽的乐趣。

人生多半在平淡中度过，平淡的日子、平淡的生活、平淡的工作……安于平淡，在平淡中发现生命之流的真意，那潜在的力、那含蓄的美、那蕴藏的智慧，我们也就在浮世繁华中觅到了属于自己的一片安逸。

专注，是世间最美妙的事

专注，是一种锲而不舍、全神贯注的追求，是不受任何内心欲望和外界诱惑干扰的定力与魄力。

面对诱惑，最有效的抵御方法就是"专注"，即专心致志、全神贯注。

"专注"是一种有力的心智盾牌，它意味着坚持，也意味着抵挡诱惑，抵挡那些慵懒的诱惑、抵挡那些浮躁的诱惑、抵挡那些放弃的诱惑，以专注明辨是非，以专注坚定信念，以专注创造奇迹。

杰里米·瓦里纳是美国田径新生代的灵魂人物，在 2004 年雅典奥运会上，他获得男子 400 米冠军、4×400 米接力冠军。在 2005 年世界田径锦标赛上，他又获得男子 400 米冠军、4×400 米冠军。而且，瓦里纳是自 1964 年后美国第一个在 400 米项目上"夺牌"的白人选手。

对于自己的成功，瓦里纳给出的秘诀是墨镜。的确，在赛场上，瓦里纳总是戴着一副墨镜飞奔。在很多人眼里，眼镜是一种负累，但是瓦里纳却说："没关系，我一共有三十多副墨镜呢。黑色的镜片可以让我把对手都挡在视线之外，从而沉浸在自己的内心世界里，可以更专注于自己的比赛。"

迈克尔·约翰逊是目前世界上 400 米成绩的世界纪录的保持者，他是瓦里纳意图超越的对象，也是瓦里纳的经纪人兼生活、训练的导师。而约翰逊也只服务于瓦里纳这唯一的顾客，因为他看好瓦里纳，觉得他不普通，约翰逊说："他让我印象最深刻的一点，是那种全神贯注的能力。"

戴着墨镜奔跑，只是为了让自己全神贯注去比赛。想不到一副小小的墨镜竟是一位世界冠军的制胜法宝之一，由此可知"专注"的力量有多么神气！的确，心无旁骛、心理素质过硬，这就是瓦里纳的优势，也是他成功的关键。

还记得美国励志电影《阿甘正传》吗？它讲述的是先天身体残疾、智能不足的阿甘一次次攀上生命巅峰的故事，也是专心引导成功的真实写照。无论何时何地，阿甘都铭记妈妈的忠告："专心一意只做一件事。"在军队训练拆卸手枪的时候，那个黑人不停地说，阿甘则专注地不停地干，他把枪卸掉装好，黑人还没有卸好；赛跑时，他什么都不顾，只知道在路上不停地跑，他几年如一日，不停地奔跑，终于成为出色的国家运动员；打乒乓球的时候，他就只盯着球，其他什么事情也不想。每一件事他都全身心地投入，所以常常获得意想不到的成功。

为什么许多成功者大都资质平平，甚至看似愚钝，却取得了远远超过他们实际能力的成就？原因很简单，他们足够专注，能不受任何内心欲望和外界诱惑的干扰，对既定的方向和目标不离不弃，执着如一，不懈努力。从很大程度上来讲，我们活得不比别人出色，就是缺乏这种抛弃杂念、心无旁骛的气魄，经常见异思迁或是四面出击，如此自然很难打造自己的核心竞争力。

古训说得好："欲多则心散，心散则志衰，志衰则思不达。"人的时间和精力毕竟有限，往往穷尽全力也难以掘得真金。世界上最大的浪费，就是注意力不集中，把宝贵的时间和精力无谓地分散在许多事情上。

事实上，一个人就算没有学历，没有工作经验，但只要专注地做好一件事，哪怕一生只做一件事也行。对事情专心，一生只做好一件事，并非不求上进，也非懒惰，它是一种锲而不舍、全神贯注的追求，不但需要有魄力，而且需要有定力，如此也就能够摆脱外物的诱惑，理智清醒，坚守自我。

一个荷兰青年农民中学毕业后前往大城市找工作，但是由于他学历低、经验少，屡次碰壁，便又回到了小镇上。小镇上也没有太好的工作适合他，实在没有办法，他只有到镇政府去看大门。看门的工作太清闲了，他觉得自己得做些什么，考虑再三，他决定选择既费时又费工的打磨镜片作为自己的业余爱好。

他不紧不慢、不慌不忙地沉着性子打磨镜片，日复一日、月复一月、年复一年，不知不觉就已经磨了 60 年，他从一个须发乌黑、英姿飒爽的小青年变成了一位须发斑白、背驼腰弯的老者。靠着专注认真和耐心细致，他的技术早超过了专业技师，他磨出的复合镜片的放大倍数比别人的都要高。拿着自己研磨的镜片，他居然发现了当时科技界尚未知晓的另一个广阔的世界——微生物世界。

这一发现震惊了整个世界，从此他名声大振。为了表彰他为人类科学做出的杰出贡献，只有中学文化的他被授予了法国巴黎科学院院士、英国皇家学会会员的头衔。就连英国女王都感到惊奇，特此不远万里来小镇上拜会他。

这并不是虚构的传说，而是真实的事例。一生只磨镜片、创造这个奇迹的小人物，就是科学史上大名鼎鼎的荷兰科学家万·列文虎克。他除了拥有智慧与执着之外，更重要的是他做事十分专注的精神。

　　由此可见，成功不是什么难事，最重要的是收住心，心无旁骛地做一件事情。知道"水滴石穿"吗？水本来是世间至柔之物，但是当水专注的时候，一滴一滴地打在石头上，再坚硬的石头也会被砸出坑洞来。

第 | 八辑

孤单不是无助，而是分享的开始

　　生命中总会有一些痛苦、迷茫和无助的时刻。倘若我们接纳这些不如意，学会分享和分担，我们就会不断地摆脱痛苦，赶跑无助。在所有孤单的时光，学会付出和分享。

用一身正气，在不如意的世界里取暖

> 浩然之气，是一种人生正气，与天地大道相配。正心发正念，正念出正气，将这股正气蕴含于心，就会坚定而有力量。

要想争取多数人的支持，有效地团结他人，做人就要清清白白，一身浩然正气。

何谓浩然之气？用孟子的话解释大致如此：那是一种最伟大、最刚强的气，是一种人生正气，与天地大道相配。那种气，由正义的经常积累所产生，并不是偶然的正义行为所能获得的。正心发正念，正念出正气。

《礼记·中庸》中也说道："在上位，不凌下；在下位，不援上。正己而不求于人，则无怨。上不怨天，下不尤人。"这是古人对"正气"这个概念很恰当的诠释，同时也应该是一个人的修身之道、立身之本。

由于正气从道德角度反映的是多数人的道德观念，因此正义的一方必然会得到大多数人的认可和拥护，而一个人如果有了多数人的支持，自然就会更坚强、更有力量。以堂堂正正的方式表现自己的正气，以正义之气唤起大家的正义感和愤怒的情绪，博得多数人的支持和叫好，这是聪明人的举动。

我们不妨看看那些风云人物，在他们强大影响力的背后，无疑是伟大的人品在支撑着，他们处处讲究正义，做人清清白白，一身浩然之气，内可聚集而形成大智慧，外可迸发而成大作为，争取到了多数人的认可和支持。

金庸的小说《射雕英雄传》中有这样一个情节：华山论剑之前，裘千仞被瑛姑等人围攻，被指责滥杀无辜，而裘千仞则反驳说"谁手上没有沾过别人的血"？结果众皆默然，唯有洪七公正气凛然地说："老叫花一生杀过231人，这231人个个都是恶徒，若非贪官污吏、土豪恶霸，就是大奸巨恶、负义薄幸之辈。老叫花贪饮贪食，可是生平从来没杀过一个好人！"这番话令裘千仞羞惭万分，欲投崖自尽，后虽被一灯大师救下，却皈依了佛门，不再涉足红尘。

比起那些你死我活的武力征服，洪七公不动一刀一枪，甚至不费吹灰之力，就为江湖铲除了一个杀人不眨眼的魔头，这在金庸的小说中是绝无仅有的。那番掷地有声的话语，那一身铮铮铁骨，也只有洪七公能够担当得起，因为他具备凛然的正气，内心无丝毫愧疚。

几年前，在河南省的登封市，一位警察局局长不幸以身殉职。得到她逝世的消息后，全市老百姓悲痛万分，纷纷来到她的灵堂向她表示哀悼。下葬那天，人们自发地、争先恐后地去送她，为她送行的竟有14万人……她是谁？为什么能够得到老百姓如此的爱戴？她就是人民的好警官任长霞。

作为一名人民警察，作为一名公安局长，任长霞以巾帼不让须眉的豪气，为民除害，公正执法。面对犯罪分子的金钱诱惑，她坚决抵制；面对黑社会的威胁，她义正词严，绝不手软；面对受到伤害的老百姓，她为其伸张正义，毫不留情。正因为如此，人们爱戴她、追思她，把她永远地记在心中。

人在做，天在看！人只要做一件不合正义的事，那种浩然之气就会打折，甚至晚上连觉都没法睡好，这样自然无法彰显出气势，力量再怎么强大也难让人心悦诚服。因此我们要注意养成正义的品行习惯，滋养内心的浩然之气，将天地之气蕴含于心，在举手投足和言辞间流露出自信和坚定的光芒。

"正派做人"、"正直做事"、"正气立身"，这3种境界是一个递进的关系，都是滋养浩然之气的有效之方。只要我们能身体力行地成为正直之人，正义的天平就会倾向我们这一方，就会有一个强大的群体支撑我们。

你要知道，公正是最大的动力

不以个人好恶而处之，不以私情轻重而为之，主持正义、维护公道，

这是做人的一个重要原则，也是他人愿意追随的动力。

每个人都渴望找到自己的存在感，渴望拥有不同凡响的影响力，能够时时刻刻影响周围的人，得到他人更多的认可和支持。如何做呢？公正是必不可少的一环，求得"公正"二字，则人们没有不服从的。

俗话说"水不平则溢，人不平则鸣"，人生时时处处都如同置身在一个个天平上，尽管我们不可能完全做到不偏不倚，但公心对人、平心对事，不能以公为私、以私害公，这两点最好铭记在心，只有这样，我们才可以活得心安理得，无愧于自己的良心，这也是做人的一个准则。

包拯是中国历史上著名的清官，他 28 岁考上进士，后历任监察御史、天章阁待制、龙图阁大学士、开封府知府和枢密副使等官职。包拯一贯公正执法、铁面无私。只要事实确凿，无论被告官职有多大，他都敢秉公执法，绝不姑息手软。

在庐州府做官时，包拯的堂舅父贪赃枉法，被人告到官府里，包拯立即派人将其提拿归案，依法处理。因此，有些亲戚原本指望他当了大官，可以有所倚靠，见他如此公正，便再也不敢胡作非为了。

包拯在执法中对达官贵人与平民百姓一视同仁、公正公道，任何皇亲国戚、豪门旺族都休想打通他的关节。任瀛洲知州时，各州贪官用公家的钱进行贸易，

每年累计亏损十多万，包拯上奏将相关官员全部罢除。贵戚官宦都很怕包拯，个个闻风丧胆。因此，老百姓由衷赞扬他说："关节不到，有阎罗包老。"

包拯之名，已成为公正清廉的象征。"龙图包公，生平若何？肺肝冰雪，胸次山河。报国尽忠，临政无阿。杲杲清名，万古不变"。公正公道，使包拯享有了如此的美誉，也体现出人们对公正公道的强烈要求。

想问题、办事情出于公心，对人对事一碗水端平，不以个人好恶而处之，不以私情轻重而为之，主持正义、维护公道，这是赢得民心的重要保证，也是做人的一个重要原则。

为人处世要想做到公平，必须把心放正，不让私心膨胀，如果唯利是图、见钱眼开，那就无法做到公平。

为人处世要能做到公平，必须坚持民主，不能独断专行，如果唯我独尊、武断专横，那就无法做到公平。

为人处世要能做到公平，必须主持公道，不可偏听偏信，如果有亲有疏、感情用事，那就无法做到公平。

历史记载，范文忠公（范仲淹）身为谏臣，赵清献公（赵忭）作为御史，因辩论事情与范仲淹意见相左而互有隔膜。王荆公（王安石）几次在神宗面前诋毁范公，并且说："陛下问赵忭，就可以知道他的为人。"后来有一天，神宗问赵忭范公为人如何，赵忭回答说："忠臣。"神宗说："你怎么知道他是忠臣呢？"赵忭回答说："嘉祐初期，神宗违豫，他请立皇嗣，以安定国家，难道这不是忠吗？"退出后，王荆公问赵忭说："你不是与范仲淹有仇隙吗？"赵忭说："我不敢以私害公。"

可见，赵忭做事出以公心，行事光明磊落。既不敢以私害公，自然也不敢以公为私。从那以后，有几个人能及他？不但范仲淹佩服他，神宗也佩服，王安石也不得不服。

不以公为私，这是一种高尚的情操。先人给我们展现了如此的光辉形象，我们也要以先人为楷模，以一颗公心待人待事，以一颗公心祛私除弊。走得正、行得直，为人公正，办事公平，不偏袒任何人、任何事，不背离公正的天平，那么还有谁不认可、不敬服我们呢？

印度的信息系统科技公司是印度最有价值的五大公司之一，领导公司的负责人墨西是印度最受尊敬的企业领导人之一。谈到成功领导的秘诀，墨西强调必须做到"公平"，而不是当一名"好好先生"。

在招聘环节上，墨西就制定了公正的原则。公布应聘成绩时，统一公开考试过程，因此不会引起争执；公司也尽量为每件事情都设定可测量的标准，员工的表现，对他们能够了解的程序和标准，都要公开进行评估。他们动态地根据员工的才能、责任、贡献、工作态度等方面的表现公正地给予应有的利益回报。

除了这些，领导人在做决定时也一样要做到公平。墨西表示，每一个决定的出台都会对某些员工较不利，但是做决定的标准其实很简单：如果一个决定对98%的员工都有好处，就是一个好的决定，只要领导人确保剩下2%的员工有机会在其他决定中获得较有利的对待，那就是做到了公平。

正是因为这些公正原则，员工们都愿意跟着墨西，该公司因此留住了很多人才。吃过了公平的"甜头"，墨西表示，许多人问过他希望以后的人会如何看他，他说："我希望将来别人会记得，我是一个公平的人。"

墨西的公正原则是一种风范，无疑也是一种明智的管理策略。

试想，很多庸庸碌碌的人居于高位，有才干的人却要委曲求全，那么时间一长，有才干的人就会不平：为什么他什么也不会，却比我的薪水拿得多？他的能力不如我，为什么待遇比我高？为什么我要养活那些无知的家伙？可见，不公正会消磨掉人才的斗志，会将朋友从自己身边赶走。

在《公正是最大的动力》一书中，作者詹姆斯写道："公正是人类社会发展进步的保证和目标。公正是对人格的尊重，可以使一个人最大地释放自己的能量；不公正则是对心灵的一种践踏，是对文明的一种挑衅，是对社会的一种罪行。所以坚持公正的管理和处世原则是每一个人都要履行的责任和义务！"

公平公正，一视同仁，该赏的一定要赏，该罚的一定要罚，不谄上而慢下，不厌故而敬新，这是令人震撼的气度关键所在，最有可能赢得人心，把人的积极性调动起来，实现"人心齐，泰山移"的伟大壮举。

付出人世间最美好的情感

爱心是人间最美好的情感。那些最有力量、最受人喜欢、最值得人仰视的人都是心怀爱的人。

也许你学识渊博，也许你能言善辩，也许你谈吐文雅，可是仅仅拥有这些还不够，你还得有博大的爱。爱是我们行走于世间的完美人格。

别怀疑，在现实生活中，爱人就会被爱，恨人就会被恨。一个没有爱心的人是一个冷漠的人，一个缺少爱的人则是一个孤独的人。这样的人与大气丝毫沾不上边，只能遭遇别人的冷遇而走向失败。

一个人做人是否大气，其正面的区别就是一个"爱"字。爱心是人间最美好的情感，爱得真、爱得诚、爱得厚、爱得多的人一定大气。而那些最有力量、最受人喜欢、最值得人仰视的人都是心怀爱的人。

这是一个发生在大洋彼岸的小故事。

小男孩邦迪是一个孤儿，他自小和叔叔生活在一起，两人相依为命。不幸的是，叔叔突然患了重病需要做手术，但是因为他们没有做手术的钱，医院暂不收留。邦迪四处筹钱，但是没有人肯借给他。怎么办呢？邦迪想到了上帝："上帝是善良的，他会帮助我们的。如果我能买到一个上帝，叔叔就有救了。"

于是，邦迪手捏着仅有的一美元硬币，沿街一家一家商店购买上帝，但是没有哪个店出售上帝。直到天黑，邦迪拜访了第29家商店的店主，该店主是隐居该市的一个亿万富翁。听了邦迪的故事后，他热情地接待了邦迪，并花重金聘来了世界顶尖医学专家，最终挽救了邦迪叔叔的生命。

"谢谢你，你就是我和叔叔的上帝。"邦迪真诚地向这位店主道谢。但是，该店主摇摇头，认真地说："不，真正的上帝是你。"

没有人肯借给邦迪钱，为什么第29家店主愿意慷慨解囊呢？因为第29家店主是上帝吗？答案当然是否定的，真正的上帝是邦迪的爱心。邦迪对叔叔的爱感动了对方，才使对方解囊相助，从而挽救了叔叔的性命。

看到了吧，一个人的力量很难应付生活中遇到的困难，爱心是人类的一种高尚感情。你在献出爱心的同时不会因此损失多少，相反，他人会记住你的爱心，在你需要帮助的时候，他们会真心实意地支持你，乐于奉献出自己的爱心。整天被别人的爱心包围着，这样的人能没有魅力吗？

所以，你要想得到别人的爱，必须先学会关爱别人。要表达自己的爱心是一件很容易的事，重要的是不要放弃任何表达爱心的机会。如：给老人让座、搀扶老人过马路、拾金不昧、关爱儿童、义务献血、义务劳动、义务植树、见义勇为、爱护公物、保护环境、倡导文明，等等，都可以去做，只要有心，就可以成为一个有爱心的人……

邢寄绪，名付，清朝白涧村人，其祖上是山东先馆陶人，明永乐五年（公元1407年），奉诏内徙，逐占籍于白涧村。邢寄绪虽然喜欢读文识字，但由于家贫，中途辍学，没有考取功名，然而他却因为爱心创造了不平凡的人生。

一年，邢寄绪的父亲患病卧床，其母因着急突然失明。邢寄绪昼夜陪伴，尽心伺候，人称至孝。邢寄绪轻财好施，常周济穷困百姓，精医术免费为民医病，曾为一名外乡病人赵赶年付清房租与其住在一起，为其煮饭煎药，直到病愈。还有一个名叫王辂的外地人，因贫病交加无法生活，便把妻子卖到了白涧村。邢寄绪听闻后立即出钱为男人赎回了妻子。在此期间，邢寄绪还先后资助四位孤寡老人和 18 名无助孩童。

不仅如此，每逢遇上灾年，邢寄绪便慷慨地为县里捐款，还在家门口支起大锅，煮粥给穷人吃。湖广灾民为了感谢其义举，在其门口写了一个特大的"善"字。另外他还献出自己的田地，为穷死异乡的人建立"义冢"。邢寄绪种种善行备受世人称颂，拔贡陈瑞朴撰《邢寄绪义行记》以记其事。

爱心不在于一朝一夕，而在于年年月月。一个人有爱心只是一个光点，能影响一群人奉献爱心，那将是一片光明。邢寄绪用一举一动表达和传递着爱，他的事迹让人从内心深处受到一次洗礼，一种如何做人的洗礼、一种精神上的升华……

人生因为有爱才有意义、有激情、有奔头，能使人培养出一份大气的动力。但愿我们每个人都能拥有爱心，并把这份爱心洒满世界，让这个世界真正像梵高所说的"爱之花开放的地方，生命便能欣欣向荣"。

任何时候，都要以大局为重

做人要顾大局、识大体，坚持对团队负责，坚持对公众负责，
这是一种难能可贵的风范。

历史上大人物的名字比比皆是，可真正经得住时间检验的却凤毛麟角。有的凭权势或时运，固然可以煊赫一时，但很快就暗淡无光，甚至被弃置如粪；只有

那些真正有大德之人才会被人们永远铭记。

有大德之人其美名之所以能永存，甚至不求声名自有声名，不求荣誉自有荣誉，是因为他们能够顾大局、识大体，凡事都为天下大众着想，大众的苦乐就是他们的苦乐，大众的利益就是他们的利益，从不蝇营狗苟，谋求一己之私利。

古往今来，善外战者、善治国者莫不以大局为重、为要、为上、为本。当个人利益与国家利益、民族利益发生矛盾时，他们总是顾全集体利益，甚至不惜牺牲个人利益。其中，最有名的要算赵国宰相蔺相如了。

战国后期，蔺相如凭大智大勇，完璧归赵，因立了大功一跃成为宰相，地位胜过了老将军廉颇。廉颇以大功自居，对此心怀忌恨，扬言：“我见相如，必辱之！”蔺相如知道这一情况后，则千方百计地避开和廉颇的冲突，上朝请病假，路遇绕道走，遭遇廉颇的刁难后也不言不语，一笑而过。

门客们对此很不理解，认为蔺相如太没胆量、太没志气。蔺相如解释说：“我连秦王也不怕，怎么会害怕廉将军呢？我之所以这样做，无非是从国家利益着想。倘若我们同室操戈生内乱，那强秦一定会乘虚而入。我蔺相如若有过失得罪了老将，我情愿谢罪赔礼。只有将相融洽，强秦才不敢加兵于赵。”

蔺相如的这席话传到了廉颇耳朵里，廉颇如梦惊醒：“蔺相如真是深明大义，我做事太蛮横骄傲了，为了自己的利益居然将国家利益置于一旁。蔺丞相为国为民低头忍辱，太可敬了，真叫我越想越愧悔，我这就到他那里去请罪。”从此，廉颇和蔺相如同心同力，辅佐赵国，使其日益强盛。

无疑，蔺相如是一个顾大局、识大体的人。面对廉颇的挑衅和羞辱，他能够理智地克制自己的情绪，态度谦和，一再退让，确保以国家利益为重，彰显了一种安详淡定的气度，最终赢得了廉颇由衷的认可和尊重，进而齐心协力辅佐赵国日益强大，最终他也成为后人称颂千年的贤人。

在现实生活中，如果我们能够顾大局、识大体，坚持对团队负责，坚持对公众负责，那么无论走到哪里，无论在什么时候，都会受人欢迎，甚至受人景仰的。

人生如此多助，生活事业自然如鱼得水。

某些人之所以习惯我行我素、不愿以大局为重，是因为错误地认为，要照顾全局的利益，自己的利益就会受到影响。殊不知，个人利益和集体利益是捆绑在一起的，两者是相辅相成的关系，以大局为重才能保住自身利益。

几乎无人不知的乔丹是 NBA 最伟大的球员、篮球场上的领军人物。而乔丹之所以伟大，不仅仅是因为他有全面而精湛的技术，更重要的是，在赛场上他顾大局、识大体，为了团队的胜利，他甘愿做配角。

在短短 90 分钟的篮球赛场上，几乎所有的球员都会想着怎样争取更多上场的时间，怎样得分、怎样的动作才能吸引观众的注意并成为媒体的焦点，因为这一切都事关他们在俱乐部的薪酬和名望。

但乔丹不一样，在赛场上，他并非只求个人的突出表现，而是能时常放下巨人的架子、最伟大球员的尊严去助攻，去帮助队友防守，使队友获得更多出彩的机会，自己则甘当他们的"配角"。

乔丹的这种以大局为重的风范深深感染了队友，因此罗德曼能毫无怨言地做"苦工"，不再闹对立情绪；哈帕、库科奇也能放下架子，主动帮助队友。正是因为这种团结精神，芝加哥公牛队所向披靡，成为 NBA 最伟大的一支篮球队伍。

顾全大局，从表面上看是自己遭受了损失，但从更深层次看，这有利于赢得众人的支持，谋取合作，促进发展，自己同样是赢家，还会带来意想不到的收获，这是以大局为重之人的益处。试想，如果乔丹不顾大局，在球场上只顾表现自己，那么他能够赢得众人的心服口服吗？芝加哥公牛队还能团结一心吗，还能成为 NBA 最伟大的球队吗？不能！乔丹还能成为最伟大的球员吗？也不能！

凡事要以大局为重，这是一种难能可贵的大家风范。当你下定决心改变自己的工作境况和人生境遇时，记住要学会先从自己身上找原因，多问问自己："我从大局着眼了吗？我做得如何？""我是不是尽到了责任？"当你这样做的时候，别人就会主动站过来。

你不必事事都自己扛

适当地借助外力，敢于求人、善于求人，这是一种谦和友善的胸怀和气度，
拥有如此的胸怀和气度，方能从容不迫。

天才也好，超人也罢，一个人的力量是有限的，许多事情不能独立完成。然而，有些人无论大小事都愿意自己担当，更不愿求助于人，甚至认为求人会使自己失去尊严，让别人感到厌烦。

殊不知，明明需要帮助却偏偏绕过别人，偏偏不肯求助，所办的事情往往很难取得令人满意的结果。而且，对方还有可能觉得你不信任他，怕别人给你添麻烦，甚至认为你清高、桀骜、不合群。

来看一个办公室职员小吴的故事。

小吴就职于一家文化公司，她做事干脆利索，工作效率很高，但是她有一个问题，那就是不好意思求人，一到需要找别人帮助的时候就不好意思开口，因此再难办的事情也会选择一个人扛，有的扛过去了，有的则累坏了她。

刚一开始，同事们一见小吴有需要帮忙的地方，还会主动提供帮助。但是，小吴每次都会急忙制止："不用，不用，我自己行。""哎呀，这太麻烦你了，还是我自己来吧……"渐渐地，大家也就对这位冷美人敬而远之了，甚至还有些小小的厌恶："她真有那么厉害，什么事情都能自己搞定？我看未必！""哼，不帮就不帮，好像防着我们抢功劳似的，真是热脸贴了冷屁股……"

一段时间后，公司组织全体工作人员进行互相评价的活动，并决定提拔得分最高者为新主管。小吴是最低分，毫无意外地与主管之位无缘。她心里很不平衡："我不想让他们帮忙原本是好意，为什么他们没有人喜欢我？对我的评价这么差？不是说，人要自力更生吗？难道我做错了？"

例子中小吴的遭遇就是该求人时不求人、搬起石头砸自己脚的最典型的例子。

立身于世，自力更生、自立自强是对的，但我们并不是无所不能的，求人办事在所难免，我们就无须对求人感到难为情。求人并不是低人一等，更没有贵贱之分，并不丢失颜面。更何况，民间有句谚语"予人玫瑰，手留余香"，这说明"被求者"会从帮人办事中获得微妙的心理享受。

因此，求人不仅是一种谦和友善的气度，而且是一种借力而行的智慧，还是维护和促进人际关系最自然的手段。有的人身负旷世才学，行走世上却步履维艰；有的人资质平平，却干出了一番惊天动地的事业，原因就在于后者能审时度势、善于求人，从而安身立命，立于从容之地。

智慧者如诸葛亮，为促成孙刘联盟，亲自跑到东吴求人；才学者如蒲松龄，为写《聊斋志异》，广求乡邻搜听奇闻轶事；成功者如高祖刘邦，自认为取得天下的原因，就是善于求人。孔子曰"三人行，必有我师"，讲的就是求教于人的道理。

古人尚且把求人之道演绎得这般炉火纯青，在竞争日益激烈、分工愈来愈精细的现代社会，求人与个人的生存发展更是密不可分。的确，一个人、一个企业、一个组织本来就没有什么特别，只有借助外力，才能更好地发挥实力。

放眼世界，我们可以很清楚地发现这样一种趋势：一些世界知名的大公司，其实都在走着"求人"的路子。美国的波音公司，其生产研发、制造手段可谓世界一流，但它的波音747、波音757的舱门、机翼、尾舵却是由中国生产的；德国制造、研发智能化的数控机床世界有名，但机床控制系统所需的半导体部件却分别采购于日本和美国……试想，如果这些企业万事不求人，事事身体力行，那么不可避免地就会搞粗放型的"大而全、小而全"，如此自然很难做成品牌产品，更有可能倒闭关门。

肯于在无助时开口求助于人实在是一种真勇敢，它是成功者的拐杖。一个胸襟开阔且富有智慧的人，往往敢于求人、善于求人，能把自己所能利用的所有人利用起来，获得他们的支持与帮助，这样自己会少走很多弯路，成功起来也更容易。

1964年，松下电器公司下属的170个公司中，赢利的只有二十几家，其余的全部赤字经营。作为松下的掌门人，松下幸之助当然不能无动于衷，他邀请了170个公司的代表，召开了一次大规模的公司会议。会议一开始，销售公司、代销店方面就怨声载道，公司的经营方针成了最大的焦点，松下成了众矢之的。松下耐心地和代表们交流，但交流渐渐变成了谈判，两天都没有达成一致。

第三天，谈判一开始，松下意外地说了一句话："使大家蒙受这样的损失，是我松下不好。"然后给大家深深地鞠了一躬，接着他没有继续前两天的讨论，而是讲起30年前起家的故事。原来，30年前，松下制造了电灯泡，他跑到很多商店，希望老板帮他销售。起初很多商店都不同意，经过松下一再请求后才勉为其难。后来松下经过不断的努力，终于打开了电灯泡的市场，并且使公司有了很大的发展。

最后，松下说："在座的很多代表就是当年的店主，松下电器能够有今天，多亏了在座的各位。松下目前的难关能否渡过，还要请诸位多多关照。"此时松下早已声泪俱下，他的诚心感动了各位代表，再也没人责怪他了，双方终于达成了一致协议。

松下电器是当时日本乃至世界一流的大公司，在危难面前并没有以高姿态打压经销商，而是采用了"求人"的策略，激发了经销商的同情，获得他们的信任，从而帮助自己顺利地摆脱了危机，真是妙哉！

"一个篱笆三个桩，一个好汉三个帮。"这句话流传了几百年，蕴含了人生智慧的精华。所有问题很难一个人自己扛，没人能离开别人的帮助而独自存活。人生无助时，不妨尝试着改变自己，学一学"求人"的艺术，培养一种信任他人、适度依赖他人的心态，进而赢得发展和壮大自己的机会。

学会了分享，懂得了快乐

学会分享，分享你的生活，分享你的物质财富，分享你的痛苦和快乐，这是对心灵的洗礼，是对境界的提升。

有一篇名为《巨人的花园》的童话故事，文章是这样描述的。

一个巨人拥有一个美丽的花园，附近的孩子们经常偷偷溜到花园里玩耍，花园里长年洋溢着孩子的笑声。可在一年秋天，冷酷的巨人赶走了孩子，并在园子周边围上了围墙。不久，隆冬来临，巨人孤独地度过了寒冬，那种感觉很不好受。春天终于来了，但巨人的花园里仿佛还是冬天。后来，巨人终于醒悟了，把花园让给了孩子们玩，并深情地说："换来寒冬的是我那颗冷酷的心啊！"从此以后，巨人的花园更加美丽了。

还有一个故事叫《天堂和地狱》。

有一个人想知道天堂与地狱的区别，于是就去找上帝。上帝没有直接告诉他答案，而是带他去地狱，地狱里放着一口装满食物的大锅，这里的人却吃不到食物，个个都骨瘦如柴，原因是他们每个人手中都拿着一个长柄的勺子，柄太长，食物送不到嘴边，更不用说送进嘴里了。接着上帝又带着这个人去看天堂。同样的大锅，同样的长柄勺，天堂里的人却愉快而饱食。为什么呢？因为他们互相喂着吃。

以上这两个故事虽然情节简单，却隐含着一个相同的道理：生活中，无论任何事情，都必须靠人与人之间的交往与互助。当人与人之间相互友爱、互相帮助、互相给予，生活就是天堂；反之，自私、冷酷、任性，就是地狱。

我们在生活中会遭遇各种各样的风风雨雨，在这风风雨雨中，你若想交到朋友、想获得帮助，一定要记住一个前提条件——学会与人分享你的生活，分享你的物质财富，分享你的痛苦和快乐。

分享不是失去，我们可以打一个比喻：一个苹果，如果你不与别人分享，你就只能尝到苹果的滋味；如果你把苹果分成两半分享给他人一半，那么你将得到别人的友情和好感。当别人有了别的水果时也一定会和你分享，你就可能尝到不同的水果。

在动画片《人猿泰山》中，为什么泰山有难时只要大叫一声，每种动物都会出来帮助他？为什么他被推举为森林之王？大象、狮子、老虎的力量都比他强大，他甚至还没有猴子灵敏。他之所以能在森林称王，靠的是与他人分享快乐，他和每种动物交朋友，关心、照顾它们，所以大家都喜欢他，愿意帮助他。

我们知道，每一个人的智慧和才能都是有限的，分享则是内化、借鉴、更新的过程。学会分享，就能以群体智慧来解决个别的问题，以群体智慧来探讨工作、学习以及生活上遇到的困难和问题，这就培养了人与人之间相互协作的精神，促进了大家共同学习和进步。当大家都愿意把自己的长处、经验拿出来分享的时候，所有的人就能优势互补，一起进步，成功的机会就会大。

在生活中，几乎每一个人都有过这样的体会：当独自研究一个问题时，可能思考了五次，还是同一个思考模式；如果拿到集体中去研究，从他人的发言中，也许一次就可以完成自己五次才完成的思考，并且他人的想法还会使自己产生新的联想，这就是分享的意义和价值之所在。

现在，我们来看看日本商业领袖井深大的故事。

井深大刚加入索尼时，索尼老板盛田昭夫将他安排在最重要的岗位上，全权负责新产品的研发。虽然井深大对自己的能力充满信心，但他深知这项工作绝不是靠一个人的力量就能做好的，必须依靠公司上下的共同努力才行。

在研制新产品的过程中，井深大无私地将自己工作多年的经验分享给了大家，比如，晶体管技术目前已成为收音机的核心技术，收音机的辅助功能有哪些。销售部的同事则总结出了公司磁带录音机销路不畅的原因：一是太笨重，二是价钱太贵。经过多次的交流，新产品研究有了方向——轻便、价格低廉。

井深大和工人们团结起来，精诚合作，终于一同攻克了一道道难关，试制成功日本最早、最轻便的晶体管收音机。井深大本人被任命为索尼公司的副总裁。在被盛田昭夫夸奖时，井深大并没有独吞功劳，而是与大家一起分享。他在盛田昭夫面前夸赞了其他人所付出的努力，结果所有人获得了三倍的奖金。大家知道后，表示愿意以后跟着井深大，为公司继续努力工作。

那些在工作中善于协作共享的人总是给人谦和大度的印象，能够轻松获得别人的认可和欢迎，并且调动整个团队所拥有的能力、智慧等资源，这无疑比个人所能创造出的价值总和要多得多，最终既可以给团队带来帮助，又能够让自己走向成功，这正是井深大的成功故事给我们的启迪。

仔细观察微软、英特尔等商业巨头，你也会发现，它们的成功秘诀正是善于分享。以微软来说，视窗操作系统让微软大赚了一笔，微软总裁比尔·盖茨并没有"私藏"这项技术，而是与所有硬件厂商和软件厂商做了分享，大家一起挣钱。现在，很多硬件厂商的产品都支持微软的所有操作系统和软件，所有的软件厂商的产品也能在微软的操作系统中运行，这就是微软的分享精神。正是因为这种分享，微软才能称霸全球操作系统市场。试想，如果比尔·盖茨气量狭小，不把操作系统市场与硬件厂商和软件厂商分享，微软仅凭一己之力能够有今天的辉煌吗？恐怕它会成为众多人眼中的"吝啬鬼"，以致留不住优秀人才，抵抗不住竞争对手的压迫。

古时陶弘景与友人分享"晓雾将歇"、"沉鳞竞跃"的山中美景；苏轼夜游承天寺时，也与人分享了"水中藻、荇交横，盖竹柏影也"的月下之色；"飞流直下三千尺，疑是银河落九天"，这样磅礴的气势，不正是李白在与他人分享这天之绝色吗？学会分享，是对心的洗礼，是对境界的提升。

人生的乐趣在于分享，正如孟子曰"独乐乐，不如与众乐乐"。学会与人分享，这是一种豁达的心胸，更是一种难得的智慧。你把你的给我，我把我的给你，这种力量可以让一加一等于二，等于十一，甚至等于无穷大。

让谦逊如影随形

唯有谦恭，我们才能被他人接受，才能获得别人的帮助和支持，

进而不断提升自身实力。

谦虚是一种美德，是每个成功人士必备的品质和修养。古希腊哲学家苏格拉底曾说过："谦虚是藏于土中甜美的根，所有崇高的美德由此发芽滋长。"一个谦虚的人周围总是聚集着许多朋友，总能赢得人们的认可、赞许、尊重和爱戴。

不过，并不是所有人都知晓这个道理。不少人骄傲自负、恃才傲物，对某方面不如己者，要么不屑一顾，要么恶语相向；更有甚者，以己之长量人之短，以己之聪明衬人之笨拙。这样的人看似聪明，实则让人生厌，于无形之中破坏人际关系，走向孤立无援的地步。

黎苗是某文化公司策划部的成员，她做事干脆利索，工作效率高，但是不懂得谦恭。当别人的工作出现问题时，黎苗总会用夸张的语气说道："不会吧，那么容易的事情也会出错？"当别人指出她的方案有问题时，她第一个反应是："那也没办法呀！因为我提出的方案通常都是最好的嘛，何况你们提不出比我更好的办

法。"渐渐地，同事们谁都不喜欢和黎苗一起工作了。

例子中的黎苗拥有横溢的才华，却不懂得谦虚，她的言行正是高看自己低看别人的最好体现。她事事自以为是、恃才傲物，别人受了几次奚落后，谁还愿听她夸耀的言论，只会对她敬而远之、嗤之以鼻。

虚心的人之所以受欢迎，是因为他们能够把自己放在一个较低的位置，不吝于向别人请教。当以谦逊的态度来表达自己的观点时，会很容易被他人接受。尤其在对峙双方地域不同、文化背景各异的情况下，偶然一句"我不太明白，你能再说一遍吗"、"恕我愚笨，我没有理解你的意思"之类谦恭的言语，会使对方觉得你富有涵养和人情味，真诚可亲，从而赢得别人的好感。

更何况，古曰"谦受益，满招损"，人生无止境，事业无止境，知识无止境。谦逊的人永远觉得自己知道得很少，把自己放在较低的位置上，这就给人留下了谦和的好印象，也就能获得别人的帮助和支持，进而不断提升自身实力。这道理就像一个杯子只有把其中的水倒掉，才能接受新的甘泉。

这里有一个小故事。

很久以前，一个小有成就但心气颇高的学者去一个寺庙拜访一位德高望重的老禅师。学者自认为自己各方面的造诣很深，言谈之间流露出对禅师的傲慢无礼，不但在禅师讲话时不停地插话，甚至轻蔑地说："哦，这个我早就知道了。"

禅师没有停下来指责学者的出言不逊，他只是停了下来，拿起茶壶再次为学者倒茶，尽管茶杯里的茶已八分满，禅师却没有停下来，只是不断地在茶杯中倒水，直到茶水从杯中溢出，流得满桌都是。

学者见状，连忙提醒禅师："大师，杯子里的水已经满了，您为什么还要往里倒水呢？"

禅师听了放下茶壶，不温不火地说："是啊！如果你不先把原来的茶水倒掉，又怎么能品尝到我现在给你倒的茶呢？"

听罢，学者大悟。

这个故事告诉我们：其实人没有骄傲的理由，相对于世界，个人的知识总是微不足道。山外有山，天外有天，人外有人，谁也不可能是个"万事通"，谁也不能保证自己所学的知识一辈子够用，这就更需要我们克服刚愎自用、自以为是的毛病，用一颗谦虚的心对待别人，做到谦虚有礼，不耻下问。

古今中外那些成就大业者，除去自身的能力外，无不是谦和为人、虚心学习的典范。他们敏而好学、不耻下问，身上总显现着虚怀若谷的谦逊。正因为这种精神，他们拥有了丰富的人际关系资源，其传奇的经历让人津津乐道。

比尔·盖茨带领他的团队创造了IT业界一个又一个神话，关于比尔·盖茨谦逊的性格，还有一个故事广为流传。

微软专门帮助盖茨准备讲稿的一位职员说，每次演讲前，比尔都会自己仔细批注并认真地准备和练习讲稿。而且，比尔每次演讲完，都会下来和他交流，问他："我今天哪里讲得好，哪里讲得不好？"并且他还会拿个本子认真地记下来自己哪里做错了，以便下次更正和提高。

当一个人事业上如此成功，却还能这么敬业、这么谦虚，还能放低姿态向下属请教，这是非常难得的，比尔·盖茨的行为如何叫人不敬服？

因此，我们千万不能沉迷于过去的成功，要及时收起自己的妄自尊大，随时从成绩的顶峰上走下来，将心里的杯子倒空，表现得谦恭一点儿，放下身姿学习。当谦虚成为一种气节和修养，成为一种延续的常态、一件时刻要做的事情时，相信我们定能不断接受新的思想，不断发展、创造新的辉煌，在人生的道路上越走越远。要知道，身份并不是自己本身就有，而是别人给的。也就是说，当你实力越来越强时，能赢得别人的尊重。

著名的文学家柴斯特·菲尔德说过："如果你想得到赞美，就用谦逊去做诱饵吧。"借用这句话，如果你想成为一个有魅力的人，想成为一个受欢迎的人，就把这句话当作座右铭吧，在所有行为中都要努力保持谦逊的作风，才能在社会上赢得世人尊重。

谦和为人，善待他人

那些有气度的人总是以和为贵，他们会尽可能地维护别人的尊严，从而赢得别人的好感。

在人际交往中，面子是一件极其重要的事情，甚至有种说法认为人最看重的不是钱财，也不是名誉，不是权位，而是面子。"面子"是什么东西呢？说白了就是尊严。谁都希望自己在别人面前有尊严，被人重视，被人尊重。

如果你是个只顾自己的面子却不考虑别人面子的人，小则可能与他人翻脸，大则闹出一些人命；如果你能时刻想着给别人留点儿面子，那么你必定是个受欢迎的人。谦和为人的高明之处就在于关键时候照顾别人的面子。

先来看一个著名的历史故事。

明代开国皇帝朱元璋出身贫寒，少年时给有钱人家放牛，一度还为了果腹而出家为僧。朱元璋推翻元朝做了皇帝后，昔日家乡的一些好友纷纷来京，他们以为朱元璋会念在昔日一起长大、同甘苦共患难的情分上给他们封个一官半职，享受荣华富贵。谁知，朱元璋最忌讳别人揭他的老底，认为那样有损自己的威信，因此大多数人他都避而不见。

有一天，两个穷哥们儿经过几番波折之后终于见到了朱元璋。其中一人见到朱元璋高兴极了，他生怕朱元璋忘了自己，指手画脚地在金殿上说道："朱老四，你看你现在做了皇帝多威风啊！还记得以前的事情吗？那时候我们都给有钱人放牛，有一次我们在芦苇荡里，把偷来的豆子放在瓦罐里煮着吃，还没等煮熟你就抢着吃，结果把瓦罐都打烂了，豆子撒了，汤也泼了。你只顾从地上抢着抓豆子吃，却不小心连红草叶子也送进嘴里，哽在喉咙里，差点儿没把你噎死。最后还是我叫你把青菜叶子放进嘴里，才把那根红草叶子带下肚子里去……"还没等这个人说完，火冒三丈的朱元璋就连声大叫："哪来的疯子？在这里胡说八道，赶紧推出去砍了！推出去砍了！"

杀完一个人之后，朱元璋满脸杀气地盯着另外一个穷哥们儿，问他有什么要说的。这个人知道朱元璋从小就是一个爱面子的人，于是大礼下拜，高呼万岁，说："当年微臣随驾扫荡芦州府，打破罐州城，汤元帅在逃，拿住豆将军，红孩子当兵，多亏菜将军。"朱元璋一听，见他虽然说的也是这一件事情，但是说得好听，保全了自己的颜面，于是转怒为喜，立刻封他做了一个大官。

在这里，两个穷哥们儿说的原本是同一件事情，但是前一位措辞不当，直接揭了朱元璋的底，让朱元璋觉得很丢面子，于是惹来杀身之祸；后一位说话巧妙，既维护了朱元璋的尊严，又恰到好处地点明过去一起玩闹的事情，勾起朱元璋的回忆，最后被封为大官。

其实跟朱元璋一样，每个人都希望在别人面前表现出自己好的一面，如果谁不小心揭了他的短，戳了他的痛处，无疑是被当面扇耳光，肯定不会善罢甘休。因此，在与人交往时，我们千万别忘了给别人留面子。

19世纪，英国首相本杰明·狄斯累利就给我们树立了一个好榜样。

一段时间，有个野心勃勃的军官一再请求狄斯累利加封他为男爵。狄斯累利知道此人才能超群，也很想跟他搞好关系。但由于这位军官未达到加封条件，对工作负责的狄斯累利无法满足他的要求，这令军官觉得很伤面子。

一次，这名军官又提出了加封男爵的要求，狄斯累利知道自己若再次拒绝他，很可能会树立一个敌人，于是便将他单独请到办公室，放低声音说道："亲爱的朋友，很抱歉我不能给你男爵的封号，但我会告诉所有人，我曾多次请你接受男爵的封号，但都被你拒绝了，好吗？"

这个消息一传出，众人都称赞这名军官谦虚无私、淡泊名利，对他的礼遇和尊敬远超任何一位男爵。军官不再强求狄斯累利给封爵，并且由衷地感激狄斯累利，并且成了狄斯累利最忠实的伙伴和军事后盾。

面子问题很微妙，只能意会不可言传，但是有两大点必须注意。

1. 不要做有伤别人面子的事情。比如，不要当面羞辱人，尤其不要进行人身攻击；不要当着众人揭露别人的过错；给对方提建议也要委婉，让对方听着舒服；比赛场合，不要赢得太多；不要抢别人的风头、功劳和机会……

2. 主动给对方面子。比如，替对方在别人面前说好话；主动祝贺对方高兴的事；圆满及时地化解对方的尴尬……

成功学大师卡耐基的沟通三原则中，有一条原则就是给人面子。他说："挑剔别人的错误，不但不会让他认错儿，反而会使他产生逆反心理，做不利于你的事情；相反，让别人保住面子，对方会在心里感激你，对你有求必应。"

因为倾听，所以欢喜

人人都有表现自己、表达自己的欲望。无论你的才能有多高、能力有多强，请你学会倾听。

上帝仅仅赋予了我们每个人一张嘴，却同时给予了我们两只耳朵，这是在委婉地告诉我们：用 1/3 的时间陈述自己的观点，用 2/3 的时间听别人讲话。能否倾听别人，往往体现着一个人的修养，决定着对他人的吸引力和凝聚力。

在人际交往中，很多人只知道表达自己，而不懂得如何倾听。常常会碰到这样的朋友聚会：一位朋友春风得意，有些居高临下，满座听他一人高谈阔论，容不得别人插话，结果夺了风光、失了人心。对此，哥伦比亚大学校长尼古拉斯·巴特斯博士说："只谈论自己的人，所想的也只有自己。这是不可救药的无知者，他没有受过教育，不论他曾上过多好的学校。"

事实上，人人都有表现自己、表达自己的欲望，喜欢有人倾听自己的心声。如果你能够做到倾听别人，传达给他人一种肯定、信任、关心乃至鼓励的信息，即便你没有给对方提供什么指点或帮助，也会给对方留下思想深邃、谦虚柔和的印象，对方也会感激你、喜欢你、支持你。

皮特是他所在朋友圈中最受欢迎的男人，无论他走到哪里都很受欢迎，经常有朋友请他参加聚会、共进午餐。当他在生活和事业上遇到困难时，也总有许多人愿意给予他帮助，他的朋友汤姆对此很不能理解。

这天，汤姆和皮特一起参加一次小型社交活动。席间，他发现汤姆正在和一个漂亮的女士坐在一个角落里交谈。汤姆还发现，那位女士一直在说，而皮特好像一句话也没说，只是有时笑一笑、点一点头，仅此而已。他们聊得非常愉快，那位女士还几次主动邀请皮特一起跳舞。

活动结束后，汤姆问皮特："那位女士真迷人，你们以前认识吗？"

皮特摇摇头说："今天是我第一次见她，是别人介绍我们认识的。"

"是吗？"汤姆明显有些惊讶，"她好像完全被你吸引住了，你是怎么做到的？"

皮特笑了笑，语气中掩饰不住喜悦："很简单，我只对她说：'你的身材真棒，你是怎么做的？平时是注意保养，还是喜欢健身？'她说她每周都去健身房，'你能把一切都告诉我吗？'我问。于是，接下去的一个小时，她一直在谈健身的事情。最后，她要了我的电话，她说和我聊天很愉快，还说很想再见到我，因为我是最有意思的谈伴。但说实话，我整个晚上没说几句话。"

　　看，这就是皮特深受欢迎的秘诀。有一句话说："如果你要想使别人对你感兴趣，那么首先就要对别人感兴趣。"人们总是更关注自己的问题和兴趣，喜欢别人倾听自己。这一点不难理解，当有人愿意听你谈论自己时，你是不是也会产生一种被关注、被重视的感觉，对对方产生好感？

　　倾听不是被动，而是在为探听虚实后的主动做准备。如果在还没有了解他人的情况前就随意交谈，很有可能使谈话陷入僵局。与其如此，不如仔细倾听，在充分了解对方的情况后再发表自己的意见。古诗曰："风流不在谈锋胜，袖手无言味最长。"倾听是一种理解和接纳他人的高尚人品，也是一种谦和大度的做人态度。无论你的才能有多高，请你学会倾听。无论你的能力有多强，请你懂得倾听。

　　伊萨克·马克森可能是世界上第一等的名人访问者，他说："许多人不能给人留下很好的印象，是因为不注意听别人讲话。他们太关心自己要讲的下一句话，以至于不愿意打开耳朵……一些大人物告诉我，他们喜欢善听者胜于善说者，但是善听的能力似乎比其他任何物质还要少见。"

　　的确，比起那些高高在上的成功者，大多数人本来并不缺少什么。如学历、知识、履历、经验……或许我们的思想境界比他们更高，或许我们比他们懂得更多，可是重要的一点是：我们比他们缺少了倾听……

　　林肯出生于肯塔基州一个贫苦的农民家庭，青年时期，他先后当过伐木工、船工、店员、邮递员，这些经历使他对普通人民群众有深厚的感情。出任美国总统后，为了不和民众之间拉开距离，林肯始终善于倾听民众的心声。

　　为此，林肯在白宫外面度过的时间要比在白宫还要多。他常常不顾总统礼节，在内阁部长正在主持会议时走进去，悄悄地坐下来倾听会议过程；他不愿坐在白宫办公室等待阁员来见他，而是亲自前往阁员办公室，与他们共商大计。他在白宫的办公室，门总是开着的，政府官员、商人、普通市民们等人想进来谈谈都可以。众多的来访者使保卫工作非常难做，忠心执行职责的保卫人员常常会抱怨。林肯解释道："让民众知道我不怕到他们当中去，他们也不用怕来我这里，这一点是很重要的。"

林肯不管多忙也要接见来访者，甚至还鼓励人们来访。1863 年，他写信给印第安纳州的一个公民："在言谈中，用耳朵比嘴巴强。我一般不拒绝来见我的人。如果你来的话，我也许会见你的。告诉你，我把这种接见叫'民意浴'，因为我很少有时间去读报纸，所以用这种方法搜集民意。"

谈起自己的"民意浴"，林肯曾感慨地这样说："虽然民众的意见并不是时时处处都令人愉快，但这种倾听让我获得了来自各界的声音，不仅缩短了我与人民的距离，加深了彼此的感情，而且激发了人民参与国事的主动性和积极性。总的来说，其效果还是具有新意、令人鼓舞的。"

从林肯的"民意浴"可以看出他与众不同的领袖气质和精神境界，这使他成为深受民众欢迎的总统。更重要的是，他倾听了民众的意见之后，获得了比别人更多的信息，克服了自身的心理定式，进而能够制定出英明的决策，从而更接近成功。妙在倾听，神在倾听，贵在倾听，赢在倾听。

倾听是如此金贵，我们为什么不谦和一点儿，把我们的两只耳朵充分利用起来，好好地倾听别人说话呢？不过，真正的倾听不仅要用耳朵，而且要用心。不仅要听对方说的内容、理解别人的观点，而且要了解对方的感受和情绪。

在倾听对方讲话的时候，要保持良好的精神状态，全神贯注、聚精会神，表现出自己乐意倾听而且有兴趣与对方沟通。一副若有所思、萎靡不振的表情会直接打消对方交谈的兴趣，使沟通质量大打折扣。要善于运用微笑、点头、提问题等，及时给予对方呼应，这会让对方感到你在倾听他说话、你理解他所说的话，交谈气氛会更加融洽，这有助于进一步的沟通。另外，一个急于倾诉的人，此时只想把自己心中的话统统地讲出来，在倾听的过程中让自己放松、安静下来，做一个好听众便是你的本分，没有必要去打断对方，或者急于下结论，否则你会被认为是没有教养或不礼貌的人。

　　了解了以上倾听的技巧后，只要你在日常生活、工作的交流中恰当地运用，你就定会成为一个出色的倾听者，给人留下谦和大度的好印象，你也就能够成为一个广受欢迎的人，赢得众多朋友的支持。

第 | 九辑
舍弃不是丢掉幸福，而是成就完美

你并无所不能，把握好取舍的分寸，才能收放自如、进退有余，才能做出正确的判断和抉择。再回首，那些纠结我们心灵的无奈已帮我们练就了从容淡定的内心。舍弃不是丢掉幸福，而是成就完美。

舍弃不意味着失去，是爱的割舍

> 必要时，我们要懂得舍弃，敢于舍弃。以小成大，
> 更能体现一个人的胸襟与智慧。

成熟智慧之人懂得放弃，能审时度势、当机立断。

但遗憾的是，有些人不懂得放弃，他们不肯放弃自己的利益，哪怕很小也会不舍，既不愿舍去，又想占全好处，结果捡了芝麻丢了西瓜，甚至到最后什么都得不到。就像手中的沙子，攥得越紧，流失得越多。

有这样一个关于放下的故事。

一天早上，年轻的妈妈正在厨房做饭，忽然听见从客厅里传来四岁儿子的哭啼声。妈妈闻声赶紧跑到客厅，发现儿子的手卡在了一个花瓶中。花瓶上窄下阔，他的手伸了进去，却拿不出来，因此痛得连声直叫。妈妈想帮儿子将手从花瓶中拉出来，可用尽各种办法也无济于事。

要想救儿子只有一个办法，就是把花瓶打碎，可是妈妈有些犹豫，因为这个花瓶不是普通的花瓶，而是一件古董。不过，为了儿子的手能够拔出，她找来一个锤子，忍痛将花瓶打破了。

儿子的手出来了，但他的拳头紧握着无法张开。是不是手在花瓶里卡得太久变形了？妈妈又开始惊慌失措起来。等她将儿子的拳头小心地掰开时，一面彻底松了口气，一面哭笑不得：孩子的手没事，他手里紧紧攥着的是一枚五分钱硬币，而那

个刚刚被她敲碎的是一个价值三万元的古董花瓶。

孩子的手抽不回来，不是因为花瓶的口太窄，而是因为他紧握着一枚硬币。为一枚五分钱的硬币砸烂了一个价值三万元的花瓶，这个捡了芝麻丢了西瓜的故事听起来未免有些可笑。但嗤嗤一笑之后，我们可曾意识到这个发生在四岁孩子身上的故事，其实也普遍存在于你我之间？

在现实生活中，很多人总是太过于贪心，不加选择地疯狂敛取，又害怕失去已得到的东西：有了功名，就对功名放不下；有了金钱，就对金钱放不下；有了爱情，就对爱情放不下；有了事业，就对事业放不下。这个放不开，那个也丢不下，拿得起却放不下，结果快乐与幸福与其无缘了。

古人云："鱼，我所欲也，熊掌，亦我所欲也，二者不可兼得，舍鱼而取熊掌者也。"智者曰："两弊相衡取其轻，两利相权取其重。"能否舍弃人生路上必须舍弃的东西，是一个人能否冷静而准确地认识自己、认识环境，能否理性、客观地规划自己的理想与生活的关键，更是勇者与智者的修炼。

正如一则广告词所说"舍清溪之幽，得江海之博"、"有舍才有得，小舍小得，大舍大得"。以小成大，更能体现一个人的胸襟与智慧。有了这样的认识后，必要时我们就要为了"西瓜"而丢掉"芝麻"。

太平洋上的珊瑚环礁是美丽的观光胜地。兰鸥号的水手们心旷神怡，船长杰克一面老练地操纵兰鸥号轻灵地避开水下的礁石，一面愉快地和水手们计划在前面的无人岛上来一次烧烤大会，享受美好时光。水手们一同欢呼起来。

谁知，一道巨浪腾空而起，从前面直奔毫无戒备的兰鸥号。杰克惊魂稍定，连忙调整兰鸥号的方向，并嘱咐水手们将大部分食物、设备等物资扔出去。"扔了这些我们吃什么？""这些设备还有用处……"水手们有些犹豫，"扔掉，扔掉，如果我们想活命的话。"杰克以严厉的口吻命令道。

物资几乎都被扔出去了，但是海浪越逼越近，一道 20 米高的海浪把兰鸥号高高抬起，然后重重地抛上了礁盘，兰鸥号断成了两截。见此，杰克果断地命令水手们弃船潜水。要知道，这是一条纵横万里的袭击舰，水手们对它喜爱极了，他们舍不得丢下它，寄希望于海浪过一会儿可以消失，但杰克下了死命令："准备跳海，立刻，马上！"并率先跳了下去，其他人紧随其后……

所有人都转移到了无人岛，这里虽然无人，但是物产丰富，是饿不死人的。而且，幸运的是在这场灾难中，人员无一伤亡。要知道，他们遇到的是一次剧烈的海底地震，无一伤亡的战绩既是空前的，恐怕也将是绝后的。

剧烈的海底地震直奔毫无戒备的兰鸥号，这时该做的就是做出最恰当的判断和选择，知道舍弃，敢于舍弃。就像事例中的杰克船长一样，他果断地舍弃了必需的物资、舍弃了心爱的兰鸥号，其实，这些也是他不忍、不甘舍弃的，但相比于一整船人的生命而言，这些又是多微不足道呀！这是一种果断与睿智的绝佳展现。

佛曰："放下，心灵刹那花开。"一个"放"字包含着千般哲理，能使复杂的生活回归简单，纷乱的思绪回归明晰，浮躁的心境回归淡然。放，是痛定思痛后的清醒，是超越世俗的大智慧，是画龙后的点睛，更是深刻后的平和。放下的越多，你拥有的就越多。正如一句话所说："握紧拳头，你的手里是空的；伸开手掌，你拥有全世界。"

人最大的愚笨在于只想拥有，把得到看成了理所当然，却不知道如何放弃。从现在起，放下心中过多的欲望吧！谁能做到这一点，谁就拥有了安心随意的心境，谁就能抓住更大的收获。

随时清扫，淘汰不必要的东西

人生是一场带着行李的旅行，放弃不能承受之重，取舍之间，正显现出生活的真味。

很多人都有过大扫除的经历：当一箱又一箱地打包时，惊讶自己在过去短短一年内竟然累积了那么多的东西；懊悔自己事前没有花些时间整理、淘汰一些不再需要的东西，以至于累得连脊背都直不起来。简单的事情蕴含着一个深刻的哲理：人一定要随时清扫、淘汰不必要的东西，日后才不会背上沉重的负担。

人生又何尝不是如此！在这段旅程中，每个人都背着一个空空的行囊向前行走。在路上，我们会捡拾到很多东西，这些东西包括名誉、地位、财富、亲情、知识等，也包括烦恼、忧闷、挫折、沮丧、压力，等等。这些东西有的早该丢弃而未丢弃，结果我们身上的包袱越来越重，身心不堪重负。

理查是一个喜欢探险的年轻人，他有过一次有趣的亲身经历。

有一年，他和一群好友到东非赛伦盖蒂平原去探险。当时，理查随身带了一个厚重的背包，里面塞满了食具、切割工具、挖掘工具、衣服、指南针、观星仪、护理药品等。理查对自己的背包很满意，认为自己做好了万全的准备。

很快，理查发现自己总是比别人容易感到劳累，探险活动也莫名其妙地变成了一件不愉快的事情。一天，当地的一位土著向导检视完理查的背包之后，突然问了一句："这么多的东西让你感到快乐吗？"

理查愣住了，这是他从未想过的问题，他开始问自己，结果发现，有些东西的确让他很快乐，但是有些东西实在不值得他背着它们走那么远的路。于是，他决定取出一些不必要的东西送给当地村民。接下来，因为背包变轻了，理查感到自己不再那么容易劳累，旅行变得愉快了起来。

理查因此得出一个结论：我们应该随时丢弃那些会拖累自己的东西，生命里填塞的东西愈少，就愈能发挥潜能。从此，理查学会在人生各个阶段中定期整理"包袱"，并将这一感悟后来写成了一本书——《重整行囊》。

很多人都喜欢房子清扫过后焕然一新的感觉，一切整理就绪之后，整个人好像突然得到一种释放。在人生的诸多关口上，我们也要时时学会整理"背包"：什么该留、什么该丢，把更多的位置空出来，其实，这就是放弃生活中沉重的负累，能做到这一点，我们才可能轻装上阵，活得更轻松、更自在。

日本政治家德川家康说过一句话："人生不过是一场带着行李的旅行，我们只能不断地向前走。在行走的过程中，要懂得抛弃一些沉重的包袱。这样才能腾出空间装更多的东西。"可见，必要的放弃不是怯懦和退缩，这正是一种理智清醒的认知。假若没有这样或那样的放弃，又怎会享受到旅行的轻松愉悦？取舍之间，正显现出生活的真味。

作为一个多产的作家和一个出色的投资人，爱琳·詹姆丝的工作无疑是繁忙的，十几年来密密麻麻的事宜日程塞满了她生活的每一分钟，令她的生活忙碌而紧张，情绪整天紧绷着，时常感到身心疲惫。后来，爱琳·詹姆丝意识到自己再也忍受不了这张令人发疯的日程表了，于是她决定放弃一些东西。

爱琳·詹姆丝先是着手列出了一个清单，把需要从她的工作中删除的事情都排列出来，然后采取了一系列"大胆的"行动。比如，她把堆积在桌子上的所有没用的杂志和信件全部清除掉，取消了一大部分不是必要的电话预约，她打电话给一些朋友取消了每周两次为了拓展人际关系的聚会。

通过这些有选择的舍弃，爱琳·詹姆丝忽然感觉到自己不再那么忙碌了，还有了更多的时间陪伴家人。有了更多的休闲时间，睡眠时间充足，心态变轻松了，她的工作效率得到了很大的提高，身体状况也好了很多。

后来，在自己的作品《生活简单》中，爱琳·詹姆丝感叹道："从来没有像今天这个时代让人类拥有如此多的东西。这些年来，我们也一直被诱导着，使得我们误认为我们需要拥有这一切的东西，而事实上，很多东西都是生活的累赘，我们沉溺其中只会心烦意乱。与其这样忍受折磨，不如舍弃。"

由此可见，我们应该做到该放弃时就放弃，适时地整理一下自己的"背包"，放弃不能承受之重，放弃心灵的负担。这样才能让自己轻装上阵，迈出新的步伐，也将更有信心走好后面的路，享受到更多生活中美妙的色彩。

如果你在生活中时常感到内心沉重、疲惫不堪，那么现在就需要检查自己是否背负了太多无价值的、不必要的"包袱"，背着它们，你是否感觉异常的沉重？清点一切，抛下废物，然后轻装上阵。

懂得进退，才能成就人生

在急流当中选择勇退，这既不是无原则地屈服，更不是软弱地退却，

而是一种敢拿敢放的从容心态。

权谋大师鬼谷子曰："若命自来已，迎而御之；若欲去之，因危与之。环转因化，莫知所为，退为大仪。"意思是说：英雄一旦找到了用武之地，就要积极进取、建功立业，然而要适可而止，不要心醉神往于权力或富贵，不要在功名面前迷失了自我，要退为大仪，以免引起灾祸。

历朝历代，君与臣可以共患难，但却不能共享乐。天下太平之后，天子总怕功臣功高震主、权重倾国，于是就要想方设法削其权势，甚至谋害其性命。西汉开国功臣韩信被杀时的哀鸣"飞鸟尽，良弓藏；狡兔死，走狗烹；敌国灭，谋臣亡"成为了永远的警钟。

很多人觉得急流勇退是吃亏之举，之所以会这么想，是因为他们只看到了眼前的顺境，而没有想到后面可能出现的逆境。古语曰"否泰相参"、"祸福相倚"，这些话很有道理，在一定条件下，事物的发展会向着自己的反面转化。任何时候，我们都应该根据实际情况的发展趋势及时调整策略，能拿敢放，从容舍弃。

越国大夫范蠡就是"功成身退"最为典型的代表。

范蠡，春秋后期越国名臣，精通韬略、足智多谋，被越王勾践拜为大夫。公

元前 494 年，吴王夫差大破越军，范蠡辅佐勾践卧薪尝胆，图强雪耻。经过十余年的努力，越国转弱为强，吞并吴国，建立霸业。

越王勾践班师回国后，君臣设宴庆功。乐师作《伐吴》之曲，曲中有词赞文种、范蠡之功，群臣大悦，唯独勾践面无喜色，范蠡察此微末，立刻明白了一切：灭吴兴越，勾践不想归功于臣下，他是一个可以共患难但不能同安乐的人。盛名之下，难以久居。想到这里，他便毅然决定急流勇退，向勾践提出了自己不愿为官、归隐养老的要求。勾践再三挽留，但范蠡去意已决，不可动摇。

临别之时，范蠡想到风雨同舟的同僚文种与他曾有知遇之恩，便找到他，劝说道："你我共事多年，我一直很敬佩你的德才。现在你也跟我一样快快辞去官衔，归隐养老吧！因为只有这样才能保全自己和全家的性命啊！"

见文种不解，范蠡叹了一口气，说："越王勾践现在自恃强盛，四境无虞，以致奢侈无度，荒废朝政，不再像以前那样励精图治了，而且对你我的猜疑忌妒之心已见端倪。若不及早脱身，日后难免招致杀身之祸。"

范蠡走后，文种未听从范蠡的劝告，继续坚持辅佐勾践治理朝政，并一而再、再而三地向勾践进谏。谁知，勾践根本听不进去，日子久了，心里不再容得下这位胸藏韬略的谋臣，便派人送了一把剑，赐文种自刎。自刎前，文种仰天长叹："我真后悔当初没有听范蠡的劝说，最终落得个如此凄惨的下场。"

范蠡果断弃政，然后，他带着家人泛舟五湖，飘然远隐，逃到有山有海、有林有田的齐国海畔，逍遥自在，后又从容经商，以治国之策治家，终为巨富而名闻天下。今天商人们所供奉的"陶朱公"就是范蠡。

对于范蠡急流勇退的做法，史家说法不一，褒贬皆有，但作为一个智谋家，范蠡是非常懂得权衡利弊关系的。在国家大局已定，勾践和国情即将发生大变化之前，他明智地选择了功成身退，结果保命修身，成为后人称颂千年的英雄。现在看来，他当初的所为不失明智，更是一种难能可贵的大气。

也许，不少人会认为"功成身退"的思想在今天已经不太灵验，因为它会使人失去积极的进取心，是一种消极避世的处世之道。其实不然，老子曰："功遂身退，天之道也。"其意思是说：成就功业，退位收敛，这是合于自然规律的。为什么说"功遂身退"合乎天道呢？太阳东升西落，大海潮起潮落，四季正常轮换，才有了这变化万千的世界，如果太阳不落、四季不变，那将会如何呢？势必走了极端，物极必反。我们知道，非分之想是人性的致命弱点。富贵而骄、居功贪位，都是一种过度的表现，如果不常加以祛除，听之任之，势必会前功尽弃。

如何才能保住胜利的果实，让人生没有遗憾呢？那就要在急流当中选择勇退。由此可见，这种"退"既不是无原则地屈服，更不是软弱地退却，它是在充分了解对手的情况下做出的一种退守的策略，是暂时的缓兵之计，为的是保护好前一阶段的胜利果实，这实乃做人的至高境界。

的确，在成功的时候人们往往不能够清醒面对自己的处境，一味地留恋功名。懂得功成身退的人是识时务的人，他们知道如何保全自己、成就别人，这是一种高深的处世哲学，更是一种难得的儒雅之风。

走投无路时，不妨转个身

人生最大的悲哀在于轻易地放弃了本该坚持的，却固执地坚持了本该放弃的。

一只老鼠钻到牛角尖里去了，它跑不出来，却还拼命往里钻。

牛角对它说："朋友，请退出去，你越往里钻，路越窄了。"

老鼠生气地说："哼！我是百折不回的英雄，只有前进，绝不会后退的！"

"可是你的路走错了啊！"

"谢谢你，"老鼠还是坚持自己的意见，"我一生从来就是钻洞过日子的，怎么会错呢？"

不久，这位"英雄"便活活闷死在牛角尖里了。

"我是百折不回的英雄，只有前进，绝不会后退的！"这只老鼠因为坚持而葬送了性命，相信很多人会笑它的迂腐和无知，但我们又何尝不是如此呢？有时候一味地坚持，刻意地执着于一件事情、一个地方、一段情感……永远无法释怀，永远解不开那个结，结果身陷泥淖，不能自拔。

现实中有很多事情需要我们迎难而上，奋力坚持，才能取胜，但如果一个人的目标不对却坚持一条道走到底，因不舍得放弃而坚持不该坚持的，这时候，我们就不能再说这个人是执着了，只能说他固执己见、刚愎自用、冥顽不灵。

梦凡爱上了一个已婚男人，这样的恋情自然遭到了父母的反对，但梦凡不惜和父母闹崩，离家独居。从 22 岁等到了 26 岁，四年的美丽青春年华里，她一直等待着男人来风风光光地迎娶自己。

而那个男人呢，许诺的离婚竟遥遥无期，像水中月一样，看得见却触及不到。朋友都劝说梦凡："分了吧，你有多少青春可以这样等待，还要等多久？"但是，梦凡态度坚决地说："不！他答应过我的，我要一直等下去。"男人始终没有娶梦凡，而且对她越来越冷淡。

渐渐地，梦凡开始变得不平、愤懑、幽怨，她有时会自卑地问朋友们："难道我真的没有他老婆好？不如她漂亮、贤淑？"梦凡心情很不好，工作也干不好，她觉得自己的人生一团糟，但是她还是不肯放弃他。

死守着一份不属于自己的爱情，在那里苦苦挣扎，让自己心力交瘁、身心疲惫，是在折磨自己，也是在折磨他人，还有可能错过很多原本属于我们的爱情，从而也阻断了追求真爱的路，何必苦守？

一条路走不通却硬往里钻，这是一种无奈的消极等待，实在不是英明之举。不如从容一点儿，勇敢地放弃。要知道，放弃是一种自我调整，是人生目标的再次确立，如此才有可能绝处逢生，这正好应了文学大师斯宾塞·约翰逊曾经说过的那句话："越早放弃旧的奶酪，你就会越早发现新的奶酪。"

当然，放弃自己的坚持，寻找新的出路，怎么说都不是一件简单的事，这需要我们有断臂割肉的勇气，需要我们有"急转身"的底气。真情的人懂得牺牲，淡定的人懂得超脱，智慧的人懂得放弃。

那些钻进牛角尖的人，为什么不回头看一看呢？如果通过长期努力仍不能达到设想的目标，感到走投无路，感到一筹莫展，就该分析一下，这个目标对自己是否合适？如果不合适，不如及早抽身，去追求新的目标。

为此，我们应该学一学水的智慧。你看，河流行经之地总有各种阻隔，如高山、峻岭、沟壑、峭壁，但是水到了它们跟前，并不是一味地一头冲过去，而是很快调整方向，避开一道道障碍，重新开辟一条路。正因为如此，它最终抵达了遥远的大海，也缔造了蜿蜒曲折、百转迂回的自然美。

人生百味，何必苦守一处风景？当感觉走投无路、手足无措时，不如勇敢地来个急转身。放弃那些没有结果的爱情，以免独自饮泣；放弃那些无法胜任的职位，以免心力交瘁；放弃无法实现的空虚梦幻，以免徒劳无益……这时候，你已经从牛角尖的最细微处走向生命的开阔地带了。

在极限面前，保留一点冷静

一个人的洒脱和气魄，就是知道自己该做什么、不该做什么，当行则行，当止则止，量力而为。

做人要智慧通达，也体现在一个人能否识大体上。识大体就是清醒明智，客观地评价自己，掂出自己的斤两，知道自己该做什么、不该做什么，而不去不假思索地瞎逞能。能够这样做人，即使不建功立业，也往往会得到人们的尊敬。

有一位登山运动员，他曾经有幸参加了攀登珠穆朗玛峰的活动。珠穆朗玛峰最高海拔为 8844.43 米。当他爬到海拔 6400 米的高度时，他的身体出现了严重不适，于是他停了下来，返回了基地。

事后，许多朋友都替他惋惜，很多人说："已经走了 3/4 的路程了，你为什么要放弃呢？如果能咬紧牙关挺住，再坚持一下，或许也就上去了。要知道，有多少人梦寐以求站在珠穆朗玛峰上啊！"

可是这位运动员却不以为然，他平静地说："不，我自己最清楚，6400 米的海拔高度是我登山生涯的最高点。如果我再攀登的话，可能就会丧命呢。所以，对此，我一点儿都不会感到遗憾。"

每个人在做事的时候都会有自己的极限，即最大的承受能力，一旦超过极限就会物极必反。对于这位登山运动员来说，6400米就是他的极限和最大的承受能力，就是他攀登生涯的最高高度，再向前或许就是死亡。他懂得放弃自己不能做到的事情，保存了自己的实力。谁能说，他不是一位真正的英雄呢？

当我们在成功路上屡次跌倒、对某件事情力不从心、备感失意的时候，我们不应该悲观失望、自暴自弃，而是应该静心沉思：我们是不是为了标榜成功而不甘心放弃，挑战了自己的极限，做了自己无能为力、力所不及的事情？

比如，你现在是一个技术型的员工，不懂管理，但你却忽略了自身优势的发挥，一心想往行政职务上升迁，那么即使你再努力，进步也是非常慢的，很难得到公司的提拔。即使你真的有幸被提拔为管理人员，你的能力也很难适应新的岗位，很难做出理想的业绩，迟早还会退下来。

由此可见，过于苛求自己、不懂得放弃，挑战自己的极限，只会在成功路上屡屡摔跤，在永久的卑微和失意中沉沦。认识并接受了这样一个事实后，在遭遇无奈之事时我们就要静下心来审视自己，承认自己的能力和局限。

办企业的人可以获得成功，进行金融投资的人也可以获得成功，他们的成功来自于对自己实力的了解和把握；办企业的人没有去炒股或者投资房地产，那是因为他们知道自己的能力范围是办企业，其他的领域就是他们极限范围之外了；进行金融投资的人没有去办企业，那也是因为他们只做自己能做的事。

在现实生活中，完美的人是不存在的，每个人都会有自身的长处与短处。那些取得成功的人不是因为他们的完美而取得了辉煌，而是因为他们能够看到自己的长处，只做自己能做的事，进而把长处发挥到了极致。

当行则行，当止则止，量力而为，为人的洒脱与气魄也就得以体现了。

从中学时期，比尔·盖茨就迷上了电脑，从此就无心上其他课了，每天都和电脑泡在一起。以全国资优学生的身份进入了哈佛大学后，他更是经常逃课，一连几天待在电脑实验室里整晚整晚地写程序、打游戏，后来他萌生了退学的想法。

盖茨的父亲是律师，母亲是教师，二人都是受人尊敬的知识分子，他们一直希望盖茨能够做个出色的律师，但这次他们并没有再责怪儿子。父亲跟校长见过面，了解完所有情况后对盖茨说："既然你不喜欢做律师，那就大可以不做。"

"学习电脑，这是我能做而且该做的事情。"

20岁时开始领导微软，31岁时成为有史以来最年轻的亿万富翁，39岁时身价一举超越华尔街股市大亨沃伦·巴菲特而成为世界首富……比尔·盖茨成功了，美国也许因此失去了一个出色的律师，但IT界却多了一位伟大的商业领袖。

"学习电脑，这是我能做而且该做的事情"。比尔·盖茨为了学习电脑，放弃了在哈佛的法律学业，放弃了父母早早为他安排好的工作，他做了他能做的事，同时不做他不能做的事，他成为了自己那个领域内的英雄。

如果你足够聪明，就应该学会选择；如果你足够勇敢，就应该学会舍弃。不要做那些自己无能为力的事情，把自己能做的事情做到极致，如此你就具有了从容淡定的"范儿"，也就能够把握好自己的命运。

学会放弃，做好自己该做的事情

学会放权，让自己从烦琐的工作得以解脱，能够从容不迫地做好本分之事。

这需要拿得起、放得下的勇气。

"两眼一睁，忙到熄灯"，常常能看到一些管理者整天忙得不可开交，像是陷入了忙碌的旋涡之中。仔细分析，有些事忙得合理得法，有些事忙得并不得法，工作不见得有什么大成效。究其原因，不懂"授权"首当其冲。

没有人是无所不能的，即使再优秀的人，其精力和体力也是有限的，也不可能把公司所有的职权紧抓不放而亲力亲为。如果凡事苛求自己，不能或不愿授权给他人，事必躬亲，势必容易身心俱疲，而且等于是在组织中制造许多障碍，让有能力者无法跨越，最终使整个组织陷入无助境地。

对于诸葛亮，大家都不陌生。在辅佐刘备的二十多年里，足智多谋、临危不惧的诸葛亮鞠躬尽瘁、事必躬亲，将行政与军事大权集于一身，特别是在刘备去世后更是如此。他始终不肯放下手中的权力，日理万机，乃至"自校簿书"。

结果，诸葛亮虽有面面俱到之心，却无分身之术，累垮了自己不说，还使刘禅、魏延、姜维等人都没有表现自己的机会，潜能没有充分地发挥出来，最终自己"出师未捷身先死，长使英雄泪满襟"，只能带着遗憾离开人间。

"出师未捷身先死"与诸葛亮的不善授权不无关系。试想，如果诸葛亮将众多琐碎之事合理授权于下属，专心致力于军机大事、治国之方，又岂会劳累而亡，导致刘备白帝城托孤成空，阿斗将伟业毁于一旦？

日本"经营之神"松下幸之助曾这样说过："一位称职的管理者应该只做自己该做的，不做部属该做的事。"这就说明要想做好管理工作就得懂得授权，不要把权力集中在自己手中，适当地把一些职权交付出去，使自己从那些本不应亲自出马的工作中解脱出来，进而从容不迫地做好自己该做的事情。

孔子的弟子子贱凭着自己的才能，在某一个地方当上了官吏。上任后，他经常弹琴自娱、饮酒游玩，很少过问政事。但是，他却将管辖的地域治理得井井有条，百姓安居乐业，对他赞不绝口。

其他官吏不明白，为何自己起早摸黑忙于政务却没有子贱治理得好，便向子贱讨教。

子贱笑笑说："你们是管事，而我是管人，我是靠别人的力量来管理地方的，这就是我和你们的区别。事实上，我们大可以将一些事情交给手下去办，让他们靠自己的力量去管理就可以，不必做到每件事亲自过问。"

子贱将诸多事情交给手下去办，自己只负责管理手下，不必每件事亲自过问，这是很典型的有关管理授权的事例。作为管理者，要想提高管理的效率，你就要从日常的一些琐事中抽身而出，去做自己应该做的事，否则既给自己增添了额外的工作，又干预了下属的工作，费力不讨好。

现代管理学也证实，人们不愿意与一个集众权于一手的领导者共事，即便他非常优秀。因为如果一个领导者把企业的各项工作做到了极致、尽善尽美了，下属会觉得自己没有什么用处，严重打击到自信心，而且他们的思维会和领导者的思维同质化，不会再有新的想法和思路了，这是非常危险的。

人才是否能发挥潜能，决定于领袖的授权能力。关于这一点，国际领导分析家林恩·麦克法伦、拉力·塞恩和约翰·切尔德勒斯都深信，他们一致地认为："授权式的领导模式不依赖于职位权威，而是使所有人都有机会负起领导的角色，如此一来，他们就能轮番贡献自己的力量。"

多年来，石油开发事业是世界公认的风险最大的投资领域，但是壳牌集团公司却巧妙地绕开了风险性，成为石油界呼风唤雨的国际巨头，业务涉及130多个国家，拥有员工9万多人。这主要在于壳牌公司管理者的"松手"，即授权。

　　关于这一点，壳牌公司的管理者是从两个方面"松手"的，我们不妨来看一下。

　　在重大问题决策管理方面，壳牌是由6名执行董事组成董事会共同商议，通过对不同的决策意见进行比较和融合，取长补短，再一致通过。这样一来，既可以发挥执行董事个人的作用，又可以集思广益，防止董事长一人独断专行，从而保证决策的准确性。

　　在平时问题决策管理方面，壳牌管辖下的200多个主要部门可以根据结果和技术报告自行做出决策解决经营中所遇到的各种问题，下属不必层层请示、逐级审批。这样做的好处是，各个部门的主管既可以密切地与当地顾客联系，又可以迅速应变，从而增强公司的适应能力，巧妙应对突如其来的外界事件。

　　除此之外，壳牌管理部还给予了公司员工极大的自主权，他们会把公司目标传递给各个层次及所有员工。比如，想把企业发展成50个亿，他们不仅会告诉员工这一目标，而且还告诉他们使用什么样的策略、如何操作，然后由员工自行贯彻。无疑，这极大地提高了员工的主动性和创新性。

　　壳牌公司的管理制度给了我们这样一个启发：每个人的能力都是有限的。决策的制定不但需要决策者个人的智慧，更需要集思广益，受益于群体的智慧。分散决策，能让每一个员工都体会到自己是企业的主人，从而真正为企业的发展出谋划策，这绝对是一个优秀企业家的妙招。

　　为何有的人明明已经知晓授权的好处，明明已经身心皆惫却迟迟不肯或不敢授权，甚至一谈"授权"就色变呢？很大程度上在于这些人害怕事情突然不在自己的掌控范围之内，担心下属不能100%按照自己的意图来完成工作。所以说，授权也是需要胆量的，需要拿得起、放得下的勇气和洒脱。

当然，授权不等于放权，并不是说将权力授给他人后就可以撒手不管，或者对局面失去控制和把握，而是必须要有严格的监督机制，以检视权力的运用情况，及时处理授权带来的问题和意外，如此才能保证授权的有效进行，也才能真正地修炼出一份动中取静、从容不迫的非凡气度。

换一种思维方式，就能看到不同的世界

曲中有直，直中有曲，遇到难解之事，不妨学着转换思维和方式，迂回解决、绕道而行。

当遇到了难以克服的障碍时，我们很多人总是下意识地从正面去观察、分析，直来直去，不肯放弃，结果呢？往往碰得头破血流，无功而返；即使最终强取而得，也耗费了超出常规几倍的资源，得不偿失。

凯马特是现代超市型零售企业的鼻祖，世界最大的连锁超市、世界最大的零售企业，这些都是凯马特公司值得骄傲的过去。但是，后起的沃尔玛公司渐渐开始蚕食凯马特的市场，1993 年更是雄居全美零售业榜首。

在凯马特面前，沃尔玛只是个"小字辈"，被这样的后起之秀远远甩在身后，自然令凯马特难以接受，于是凯马特毅然发动了一场针尖对麦芒的价格战，推出成百上千种特价品，声称价格绝对低于沃尔玛。

沃尔玛也不甘示弱，立即对这些特价品打折，使价格再次低于或持平于凯马特。随即，双方进入了比拼内功的阶段：看谁的运营成本更低。由于不少货品都是赔钱赚吆喝，凯马特的亏损直线上升，很快便不能支撑了。反观沃尔玛，由于储备资金优于凯马特，价格战虽然代价不菲，但尚能承受。

这样，孰胜孰败，从凯马特发动正面进攻的一刻就已经注定了。2012年1月22日，凯玛特向法院申请了破产保护，所列资产近163亿美元、债务约103亿美元，创下了美国历史上最大的零售业破产案。

一山不容二虎，市场竞争只有你死我活和我死你活这两种结果，这是凯马特的陈旧想法。它没有看到自己已今不如昔，拥有了王者风范的沃尔玛已不再是它能够正面硬拼下来的对手，而且硬碰硬的结果只能是两败俱伤，结果凯马特付出了不菲的代价，惨遇破产的惨痛悲剧。

的确，正面强攻，牺牲太大，胜算不大；相反地，放弃正面，侧翼偷袭，往往会带来胜利。正如《孙子兵法》中云："先知迂直之计者胜。"曲中有直，直中有曲，这是辩证法的真谛。正面迎击不行就绕道迂回，退一步进两步，呈螺旋式上升，步子才稳健，最终大都能迈出困境，取得成功。

因此，当遇到了难以克服的障碍时，我们不要总在想着如何正面、直接地克服障碍、解决问题，不妨转换思维方法，在一定时间内暂时放弃直线轨道，转入一个曲折蜿蜒、绕道前行的角度，有意识地走一条曲折的Z字形道路，这不仅会避免正面冲突所带来的玉石俱焚，而且能降低问题的解决难度，以求更好的效果。

对此，法国作家勒农说过这样一句话："你不要着急！不必担忧！我们所走的路是一条盘旋曲折的山路，要拐许多弯、兜许多圈子。我们时常觉得好似背向着自己的目标，其实，我们总是越来越接近目标。"

成吉思汗及其子孙擅长兵法和战略，在13世纪短短十几年的时间里征服了亚欧大陆的大部分，并且攻必取，战必胜。蒙元攻宋几十年，他们所采用的战术被后世军事家称为"大迂回战略"，对后世影响深远。

蒙古攻打南宋期间，受阻于宋军的重镇襄阳。成吉思汗召见汉族降将郭宝玉，询问攻取中原、一统天下之策。郭答曰："中原势大，不可忽也。西南诸藩，勇悍可用，宜先取之，借以图金，必得志焉。"郭氏这番高论无疑对"一代天骄"有所启发。

成吉思汗以超人的胆识和气魄提出了利用南宋与金之间的世仇，向宋国借道，实施战略大迂回，从而一举灭金灭宋。随后，他们避免与宋、金军正面交锋，经青海，下金沙江，攻吐蕃，灭大理，经云南，出湖南，迂回万里，历时数年，出其不意地向宋、金的深远纵深大胆穿插、分割，形成四面包围之势。

公元 1218 年，蒙古灭西辽，公元 1227 年 6 月灭西夏，公元 1234 年灭金，公元 1246 年招降吐蕃，公元 1253 年灭大理，公元 1271 年改国号为大元，公元 1276 年灭南宋，公元 1279 年消灭南宋流亡政权，统一全国，成为中国历史上面积最大的皇朝。

根据成吉思汗的战略思想，后世军事专家总结出：大迂回是避开敌方整个防御体系，向敌之侧翼或后方进攻而形成合围态势的作战行动，是战略追击的最高阶段，这一思想获得了世界的公认。瑞士军事家诺米尼也曾指出，一些伟大的军事统帅在战争中取胜的秘密就在于善于"集中他的主力，迂回攻击敌人的一翼"。他确信，如果在战略上采用这一原则，"那就发现了全部战争科学的钥匙"。

迂回战术在军事方面应用成熟的同时，也培养了人们从侧面思考问题的方式，也叫侧向思维。在生活和工作中，我们难免会遇到各种各样的难题，这时我们不妨学着转换思维和方式，正面不通，绕道而行，从侧面迂回地去解决问题。

有这样一位青年，他在美国一所著名大学的计算机系留学深造。博士毕业后，他想在美国找一份理想的工作，可由于他的起点高、要求高，结果连续找了好几家大公司，对方都没有录用他。思来想去，他决定收起所有的学位证明，以一种最低身份去求职。

他先是拿着自己的高中毕业证求职，而且将薪酬要求降低了不少，不久他就被一家大企业聘为程序录入员，这对他来说简直就是小菜一碟，他干得一丝不苟，看出了程序中的错误，并适时地向老板提了出来。这非一般的程序录入员可比，老板对青年人自然多了一份认可和欣赏。

这时，青年人亮出了学士证，于是老板给他换了一份与大学毕业生对口的工作。又过了一段时间，老板发觉在这个工作岗位上，青年人还是比别人做得都优秀，他便约青年人详谈。此时，青年人拿出了自己的博士证。老板对青年人的水平已经有了全面的认识，破例提名让他担任公司的技术主管。

这位青年人之所以取得了成功，在于他拥有一种机变的智慧和敢于放弃的气魄，既然高薪高职找不到，那就勇敢放弃，先从基层做起。他由此获得了一个表现自己的工作平台，新的机会和新的岗位自然就向他招手了。

走向成功的路千万条，侧面迂回是一条捷径，这值得我们每一个人深思和学习。

可以改变的不是世界，而是自己

能改变的不是环境，而是我们自身。我们需要有舍弃自己、改变自己的智慧和勇气，懂得因时而变，为大义而不拘小节，方能超脱。

2300 万年前，地球上一派生机盎然，巨大的身躯让恐龙在与其他物种竞争时占尽优势，并成为了地球上的霸主。大约 6000 万到 7000 万年前，地球上很多地方被冰川覆盖，很多植物被掩埋。为了生存下去，各种哺乳动物开始竭力改变自己，一代比一代的体形小，以减少对食物的需求。但是，恐龙却不舍得改变自己庞大的身躯，它们依旧像以前一样拼命进食。有限的食物不能再满足它们的需要，一条条的恐龙饿死了，首当其冲的便是最大型的草食性恐龙。随着食物越来越匮乏，恐龙之间也开始自相残杀，这又导致了恐龙数量的进一步减少，最终盛极一时的恐龙灭绝了。

恐龙灭亡的事实，告诉了我们一个道理：现实是残酷的，竞争是激烈的，困难是客观存在的。对于这些外在的条件，我们有时真的很难改变。如果固守自己的原则，不能适度地向环境妥协，即便自己再强大，也难免遭遇被淘汰的厄运、消亡的结局。动物是这样，人是这样，企业亦是这样。

我们该怎么做呢？不妨先来看一个故事——《穿越沙漠的河流》。

河流要一路前行，汇入大海，可是它的愿望似乎无法实现了，因为它遇到了一片沙漠，它每前进一步，都有一部分消失在一望无际的沙粒里。沙粒犹如海绵，吞噬着河流所做的任何努力。

这时，天空警告道："你这样下去，只会被整个沙漠吞噬掉，或者顶多在沙漠的一角变成沼泽，最终不能汇入大海。"

"可我一定要穿越沙漠。"河流着急地说。

"只要你愿意舍弃你现在的样子，让太阳把你蒸发成水蒸气，让风捎着你越过沙漠，落在沙漠的另一端变成雨。雨汇集到一起，就又变成河，这样你就能够飞过沙漠，达到你的目的了。"天空建议说。

河流犹豫地说："这样做，会失去自我，我就不是那条穿越沙漠的河流了。"

"你还是你，只不过经历了一个变化过程，变换了一下形式，而你本质还是河流啊。"天空说。

河流依了天空的说法，圆了自己要穿越沙漠的愿望。

这个故事说明了什么呢？相信你已经心中有数。处于怎样的环境，通常是我们无法决定、无法改变的。要想不至于被淘汰，长久地生存下去，我们需要不固守、不执着，有舍弃自己、改变自己的智慧和勇气。在这里，舍弃是一种趋利避害的生存智慧，是一种成就自己的超脱方式。

21世纪，迅猛的变化、爆炸的资讯、时间和空间的巨大变革……变化已经是这个时代唯一不变的特征。面对不尽如人意的环境、种种难以解决的问题，我们需要换个角度思考一下，自己稍微改变一下，随时应对世界的巨变，也许就能改变整个局面，这也是我们的明智之选。

第 | 十辑

每一次委屈，都是一次成长

忍不是委屈，而是沉稳的功夫。让不是懦弱，而是心量的展现。面对不公，能忍则忍，能让则让，能忍能让真君子，能屈能伸大丈夫。用一份超然的内心，去面对所有的委屈和批评。每晚临睡前细思量，原谅所有的人和事，因为每一次委屈，都是一次成长。

即使生活对你不公，也要努力抗争

生活中的不公平之事难以避免，做人不妨超然一点儿，不过多地计较，
放弃抱怨和愤怒，坦然地接受不公，自己给自己公平。

很多时候，生活并不是公平的，上天眷顾的人似乎只是少数，而我们只是那
大多数中的一部分。就像有人从小到大一帆风顺，老天似乎都是对他们一路绿灯，
但是有的人虽然也很努力、很勤奋，却处处碰壁，更有甚者，叫天天不应，叫地
地不灵，那种心情只有经历过的人才能够深刻体会。

遭遇生活的不公平时，很多人无法适应，不甘心接受不公平的待遇，轻则可
能心情沮丧、灰心丧气，重则可能整天怨天尤人、愤世嫉俗，甚至产生一定的报
复心理。这些行为或许能够解一时之气，但一点儿实际用处也没有，丝毫改变不
了目前的境遇，只是徒然增加自己的烦恼而已。

试想，如果一个人能力出众、智慧超群，却被分在基层工作，这时候，无论是
谁都会多多少少感到委屈。假如你一边愤愤不平，一边敷衍工作，那么你还有心思
做好工作吗，还会有升职的机会吗？恐怕不能，因为老板会认为你连最简单的事情
都做不好，根本不会有责任和能力去做更高级的工作。

既然不公的事实暂时难以改变，做人就不妨超然一点儿，不要在公与不公上
过多地计较，放弃抱怨和愤怒，坦然地接受不公平的现实，甚至把不公平作为生
活的挑战，及时做一些更有价值的事情，把精力用在发展能量、提高自己上面，

早晚有一天，生活就会给我们公平的回报。

　　面对生活的不公平，每个人因为自己的修养、意志、胸怀、境界的不同，会有很不同的态度，会做出不同的反应。正是这种不同，造就了一个人和另一个人、一些人和另一些人的不同人生。换句话说，一个人生活的未来和成长的实现主要取决的不是他如何面对公平，而是他在不公平环境中有怎样的表现。

　　有这样一种人，他们早已知道生活中没有绝对的公平。当不公平出现的时候，他们不会愤怒，不会抱怨，也不会惊慌失措，而是把它当作人生必修之课去应对、必做之题去演算。无论生活是公平的还是不公平的，他们都怀着必胜的信心勇敢地去面对，坚持自己给自己公平。

　　在这方面，当代伟大的科学家斯蒂芬·威廉·霍金是一个经典的楷模。

　　"我的手指还能活动，我的大脑还能思考，我有终生追求的理想，我有爱我和我爱着的亲人和朋友，我还有一颗感恩的心……"这段豁达而乐观的文字正是出自霍金——一位在轮椅上生活了几十年的残疾人之手。

　　霍金并不是一生下来就坐轮椅，青年时代，他是牛津大学公认的最有前途的明星学生，但在大三那年，他突然出现了一种奇怪的症状——手脚逐渐变得不利索，甚至有时会无缘无故地跌倒。专家在为霍金做了各种医学测试之后，判定这是一种罕见的肌肉萎缩性侧索硬化症，即运动神经病，而且会继续恶化。对于这罕见的疾病，专家也无能为力，这就意味着霍金要带着他虚弱无力的身体在轮椅上度过余生。

　　祸不单行，1985 年，也就是全身瘫痪数十年后，霍金再一次遭受灾难的打击：他感染了肺炎，医生不得不为他进行气管切开手术，也就是在脖子及气管上直接切口形成通气孔，这样一来，他永远失去了说话的能力。

　　尽管生活对霍金如此不公平，夺走了他健康灵活的双腿，夺走了他与人正常交流的说话能力，留给了他无尽的病痛，但是，霍金没有抱怨生活的不公，他说："生活是不公平的，不管你的境遇如何，你只能全力以赴！"霍金积极乐观地适应生活，不断地改造自我和不懈努力，如今他已经成为世界上最著名的物理学家，是英国皇家协会的特别会员，还获得了很多奖项和勋章。

命运对霍金非常不公平，在常人看来简直是苛刻得不能再苛刻了，他腿不能站、身不能动、口也不能说，可是，他并没有抱怨生活的不公，而是积极乐观地改变自己，最终为自己争取到了公平，赢得了成功而精彩的人生。

再换一个角度来说，这个世界其实还是公平的，因为每一个人都需要面对死亡，每一个人面对死亡的时候，都需要直面自己生命的价值，而这个价值是你可以去创造的，与起点无关。

萝卜冲萝卜雕花埋怨："论身份，我们都一样。凭什么你到酒桌上的身价就高我几倍，这实在不公平！"

萝卜雕花笑着回答："因为我挨的刀比你多！"

同样是萝卜，只因挨刀多少的不同，才让一个成为酒桌上身价不凡的雕花，让另一个成为普通的菜肴。挨刀多看似很不公平，但能造就充满魅力的雕花。

所以说，上帝待人是公平的，他可能会给你一座高山，但高山过后，他会送给你饱经风霜磨炼后的坚强意志；他可能会给你一处暗礁，但暗礁之后，他也会送给你一簇簇美丽的浪花。既然如此，我们何必对不公耿耿于怀呢？

手中的牌无论好坏，都要尽自己最大的努力

人生的成功不在于拿到一副好牌，而是怎样将坏牌打好，拥有打好坏牌的决心和信心，即使拿到一手坏牌也能突破重围。

　　人生就像打扑克牌，每个人每天都在打自己的牌。很多人有过这样的经历，原本是满怀信心地要打一副好牌，赢得漂亮些，无奈天公不作美，抓到手里的却是一副坏牌，这可怎么办呢？此时，有些人会选择放弃，主动认输或者坏牌坏打、破罐破摔，然后等待下一次抓牌的机会。

　　殊不知，上天发牌是随机的，谁能保证下一次的牌就一定是能胜的好牌呢？与其认栽，倒不如超然一点儿，留下来力争打好每一张牌，尽力打好这副坏牌，这样既能锻炼自己的能力，如果发挥得好的话还可以使自己手中的劣势转为优势，从而使坏牌变为好牌，这岂不更胜一筹吗？

　　的确，手中的牌无论好坏，都是我们唯一能够利用的资源，"打好手中的牌"是我们能够做出的最明智的选择。很多人都太在乎自己手上牌的好坏，却忽略了如何去打好自己手上的坏牌。

　　艾森豪威尔年轻时经常和家人一起玩纸牌游戏。一天晚饭后，他像往常一样和家人打牌。这一次，他的运气特别不好，每次抓到的都是很差的牌。开始时他只是有些抱怨，后来他便发起了少爷脾气。

　　一旁的母亲看不下去了，严肃地告诫他说："既然要打牌，你就只能用你手中

的牌打下去！"见艾森豪威尔依然愤愤不平，母亲心平气和地说，"其实，人生就和打牌一样，不管你手中的牌是好是坏，你都必须拿着。你能做的，就是让心情平静下来，然后力争把自己的牌打出最好的效果！"

母亲的话犹如当头棒喝，令艾森豪威尔在突然之间对人生有了直观的感悟。此后，他一直牢记母亲的话，并以此激励自己去努力进取、积极向上。就这样，他一步一个脚印地向前迈进，成为中校、盟军统帅，最后登上了美国总统之位。

人生的成功不在于拿到一副好牌，而是怎样将坏牌打好——坏牌也要打出好结果，不管拿到什么牌都要打出好结果。正如印度前总统尼赫鲁所说："生活就像是打扑克，发到手里的是什么牌是定了的，但你的打法却完全取决于自己。"

综观古今中外，很多人生的奇迹都是由那些最初拿了一手坏牌的人创造的。面对拿到坏牌的委屈，他们一笑置之、超然待之，拥有打好坏牌的决心和信心，所以他们能突破重围，使问题迎刃而解，并最终获得成功。

有这样一个日本年轻人，他身高只有 145 厘米，体重 50 公斤，是一个典型的矮个子。前去日本明治保险公司应聘时，主考官只瞟了他一眼，不等他开口说话，就抛出一句硬邦邦的话："你不能胜任推销员的工作。"是啊，作为一名推销员，谁不希望自己有良好的形象呢！那些身材魁梧的人、颜值高的人，在访问别人时肯定容易取得对方的好感，而身材矮小往往不受重视，甚至遭人蔑视，在访问别人时容易吃亏。"为什么我这么差？"他为此懊恼，甚至绝望过。

但是，这一切都没有使这位年轻人退却或者放弃，他认为推销能否成功的关键并不在于一个人的外貌形象，更关键的是引起对方的注意、抓住对方的心，他要向众人证实："我是干推销的料。"想通了以后，他决定以表情取胜。为了使自己的微笑在别人看来是自然的、发自内心的真诚笑容，他找了一个能照出全身的大镜子，每天利用空闲时间，不分昼夜地练习。他假设了各种场合与心理，把微笑分为了 38 种。

他独特的矮小身材配上他刻意制造的表情，经常逗得客户哈哈大笑，如此，陌生感就会消失，彼此也就能更进一步地沟通了。曾经在对付一个极其刁钻的客人时，他用了30种微笑才把准客户逗笑。就这样，他拉到了一笔又一笔的保险单，业绩直线上升，被誉为"日本推销之神"，他就是原一平。

原一平又小又瘦，先天不足，怎么看他都缺乏吸引力，可以说他拿到手的是一把坏牌，但他通过苦练笑容，用自己的汗水和勤奋、韧力和耐心创造了令人瞩目的成功。他的故事启示我们：当你自身条件差时，不要自卑，更不要消沉，没有一把好牌可打时，打好坏牌，照样可以取得成功。

拿到一手好牌的人，不一定能赢。拿到一手坏牌的人，不一定会输。有的人的牌并不差，可总在抱怨、发牢骚，以至于打成最坏的结局；有的人的牌也许并不理想，可经过认真分析、合理组合后，打出了比较好的成绩。如此循环下去，致使人生的成就判若云泥。

人生又何尝不是如此呢？方仲永自幼聪慧、声名鹊起，杨贵妃貌美倾城、富贵雍容，他们拿到手的算是一副顶好的牌，可是一个没落，一个惨死。《荷马史诗》的作者荷马是个盲人流浪者，海伦·凯勒则又聋、又哑、又盲，有谁比他们摸到的那手牌更糟呢？可是，他们以自己坚强的意志力，以不向命运屈服的信念获得了巨大成功。

所以，当我们不幸拿到不好的牌，尽管我们有理由失望或者抱怨，但却没有理由不继续玩下去、走下去。此时我们能够做的，或者说应该做的，就是调整心情，把一手坏牌当成一手好牌来打。

胜利与失败是实力上的较量，同时也是心智上的比拼。努力把一手坏牌打好，竭尽全力地控制住牌势，不使它朝着更坏的方向发展。这等气度，往往能够出奇制胜、反输为赢，开创出生活的另一番局面。

为了回报而付出，只会失去更多

当付出得不到应有的回报时，我们不妨大度一点，因为计较会失去更多。

付出总有回报，谁都希望得到这样的公平的待遇，但是事与愿违，现实生活中，付出与回报往往是不等式。有时候我们付出的很多，回报却很少，甚至没有回报。经历多了，人心便容易失衡，深感委屈，埋怨不断，以致耿耿于怀。

比如，给亲朋好友帮了一个忙，没有得到对方的感谢或者馈赠；在工作上做出了贡献，却没有职务上的晋升和待遇上的奖励，不少人心里会想"真倒霉，付出了却没得到好处，以后再遇到这种事我再不伸手相助了"……

你的内心是否受到过这样的"伤害"？你有过这种失衡心态吗？

其实，这种心态是错误的。虽然付出总会有回报，但是回报不是用回报率来计算的，如果只是为了求得回报而付出，会使自己失去更多。正如一句话所言："当你付出时，不要老想着回报，因为付出不一定会有回报；当你因得不到回报而开始埋怨时，以前那些辛苦的付出便会变得毫无意义。"

一个年轻人慷慨无私、乐于助人，只要有朋友张口，他总是想尽办法去帮助对方。有一天他遇到了困难，他想："养兵千日，用兵一时，平时我帮了你们那么多，该是你们回报我的时候了。"于是就求救于昔日帮过的朋友。

可是意想不到的是，对于他的困难，朋友们居然都视而不见、听而不闻。他勃然大怒，怒骂道："真是一群忘恩负义的东西！"他仍然无法发泄心中的愤怒，于是他找到一位智者，希望智者能够为自己评评理，给自己讨回一个公道。

智者却说："本来帮助别人是好事，可是你却把好事做成了坏事。"

年轻人不解地问道："为什么这样说呢？"

智者说："你帮助别人时应本着平常心态，既不能让自己有对于别人施舍的情绪，也不能用回报率的心态去计较自己的付出。你对你的朋友付出，是你应尽的义务和本分，但是别人对你的回报是情分，是不能强求的；否则的话，即使你付出再多，也不会换来朋友的真心，也不会有所收获。"

要求自己曾为之付出的人，也要他们同样对自己付出，这是不明智的。就像那位年轻人一样，以为平时自己给予别人帮助，别人就该给予自己相等的帮助才算公平，结果不仅没得到朋友的相助，还令朋友听之不悦、望之生厌，真是得不偿失。

要知道，付出应该是一种完全自愿和纯粹自然的自发行为，是不应该索取回报的。我们对别人付出，别人和我们并不是债务关系，别人没有义务对我们付出，他们是否做出回报，完全取决于他们自愿。他们愿意回报是情分，我们应该感恩；他们不帮助是本分，我们也不应该介怀。

世上的很多事都没有所谓的公平，付出和回报不成正比。

拿大自然来讲，同在一片蓝天下，同样滋润着雨露的甘甜，吮吸着阳光的乳汁，有的树已成林，郁郁葱葱，一片生机，有的则枯干弯曲、枝叶飘零，太阳不能因为回报不等而不付出。再拿我们人类来说，冒着生命的危险把我们带到世间，又用一生辛劳给我们疼爱、呵护与关怀的母亲，她是否得到了我们全心全意的回报？农民脸朝黄土背朝天地耕作，日复一日，一旦遇到天灾等，不是也会颗粒无收吗？

付出了，却得不到应有的回报，这是一种正常的现象。那些具备超然心理的人懂得这一点，所以他们在得不到回报的时候往往不是深感委屈、怨天尤人、牢骚满腹，而是选择一笑置之、超然待之，付出的时候更不奢求回报。不求回报，是付出之后的至高境界。不求回报，其实自有回报。如此，我们又怎能不感谢所受的委屈呢？

在一个又冷又黑的夜晚，一位老人的汽车在郊区的道路上抛锚了。他等了半个多小时，好不容易有一辆车经过，开车的男子见此情况，二话没说便下车帮忙。几分钟后，车修好了，老人问多少钱，那位男子回答说："我这么做只是为了助人为乐。"但老人坚持要付些钱作为报酬，该男子谢绝了他的好意，并说："感谢您的深情厚谊，但我想还有更多的人比我更需要钱，您不妨把钱给那些比我更需要的人。"最后，他们各自上路了。

随后，老人来到一家咖啡馆，一位身怀六甲的女招待员即刻为他送上一杯热咖啡，并问："欢迎光临本店，您为什么这么晚还在赶路呢？"于是老人讲了刚才的事，女招待听后感慨道："这样的好人现在真难得，你真幸运碰到这样的好人。"老人问她怎么工作到这么晚，女招待说为了迎接孩子的出世而需要第二份工作的薪水。老人听后执意要女招待员收下200美元小费，说道："你比我更需要它。"

女招待员回到家，把这件事告诉了她的丈夫，她的丈夫大感诧异：世界上竟有这么巧的事情，原来他就是那个好心的修车人。

这个故事道出这样一个道理：种瓜得瓜，种豆得豆。我们在"播种"的同时，也种下了自己的将来。人生中的每一次付出不一定都会立即得到回报，而是会在将来的某一天、某一时间、某一地点，以某一方式在你最需要它的时候回报给你，这就是真正的回报，用经济是无法衡量的。

一位老人、一辆三轮车、一群孩子……每当这样的画面出现在人们的眼前，很多人都能想到一个名字——白芳礼。这个平凡的老人一生付出不求回报，以他不平凡的助学壮举感动了每一个知道他的人。

1987年，已经74岁的白芳礼决定做一件大事，那就是靠自己蹬三轮的收入帮助贫困的孩子实现上学的梦想。这一蹬就是十多年，直到他将近90岁、共挣下35万元人民币时。如果按每蹬一公里三轮车收五角钱计算，他相当于绕地球赤道18周。

这35万元人民币的血汗钱，白芳礼没有拿来自己享用或是留给儿女，而是捐给了天津的多所大学、中学和小学，先后资助了三百多名贫困学生，而他自己的个人资产为零，个人生活几近乞丐：一个馒头、一碗白水、一身破衣。而且，他从不求回报，许多得到他帮助的学生并不知道他的姓名。

在有些人看来，白芳礼太傻，也太过了，毕竟他是一个有稳定退休金的老人，不在家安享晚年也就罢了，何必要过艰苦的生活，反过来又把自己的苦力钱全部捐出去呢？可白芳礼从来不管别人怎么说，他说："想想那些缺钱的孩子，我坐不住啊！我天天出车，24 小时待客，一天总还能挣回二三十块。别小看这二三十块钱，可以供十来个苦孩子一天的饭钱呢！一想到这，我就越蹬越有劲儿……"

2005 年 9 月 23 日，93 岁的白芳礼老人静静地走了。出殡那天，不少天津市民前来参加老人的告别仪式，很多人在灵车前放声痛哭，凭吊这位无私奉献的英雄。因为人太多，灵车用了近半个小时的时间才缓缓离去。

白芳礼是真正的斗士，是真正的强者。他倾尽所能地把他的光和热洒向了众多需要帮助的学生身上，穷尽一生，不留余地，不求回报，这是一种骨子里的气度和风范，不仅让学生们，也让众多中国人获得了感动和成长。他用给予与付出使个人的美德得以滋润和茁壮，这便是对自己最真挚的回报。

上坡的时候，你助吃力的拉车人一臂之力，点头笑笑算是告别，没必要硬等人家说声"谢谢"，那回报是人们望着你的背影，在心目中树立了感人的口碑，多少年后回忆起你而发出由衷的感激；帮助别人解决了一个难题，能否换来感激或喝彩并不重要，重要的是锻炼了自己的能力、磨炼了自己的意志，这就是回报……

如此看来，当付出没有得到回报时，我们实在没有理由觉得委屈，而应该超然一点儿，提醒自己：不求回报又何妨？只要你做到了，你会发现生活如此快乐，而且这种快乐是成倍增长的，是一种至高境界的快乐。

被误解时微微一笑，也是一种修养

被人误解时，也许会委屈苦闷，
淡然处之的态度却能胜过鲁莽的行事作风。

生活中，我们会遇到各种人和事，有时免不了产生误解，甚至受到冤屈或某种不公正的待遇。在这种情况下，心生委屈是自然的，但不能凭一时冲动鲁莽行事，这样于人于己都不利，也不利于澄清事实。

冯铮原本是基层车间的普通钳工，两年前，厂宣传部的万科长见他文笔不错，便顶着压力将他调进了宣传部做宣传干事。从此，冯铮对万科长的知遇之恩一直铭记在心。前不久，冯铮又被晋升为经理办公室的秘书，成了王经理的部下，冯铮精明干练，他很快得到了王经理的喜欢和认可。

谁知没多久，万科长与冯铮疏远了，而且在许多场合都说自己看错了人，说冯铮是个忘恩负义的小人，谁做他的上级，他就跟谁搞关系，万科长的理由很简单：一个雨天，冯铮只顾着给王经理打伞，却没理睬自己。

这些言论传到冯铮的耳朵里，冯铮非常冤枉，因为当时他从后面赶上给王经理打伞时，根本就没有看到万科长正在不远处淋着雨——误解就此产生了。自己根本就不是那样的人，万科长凭什么这么说自己呢？一怒之下，冯铮非要和万科长理论理论，结果真给众人留下了"忘恩负义"的骂名。

冯铮因为一个不小心的举动，在浑然不知的情况下得罪了万科长，被万科长误解，他委屈气愤的心情可以理解，但他不够理智，非在气头上和万科长理论，结果新的误会接踵而来，出现了众口铄金、无法收拾的局面。

其实，被人误解时，我们最需要做的是大度一点儿、超然一点儿，多替对方着想，无论他是气量小也好，心眼儿窄也好，不了解真相也好，不理解苦心也好，都不必去计较。如果自己真的错了，何必辩解呢？只需要改正就是了；如果自己真的没错，用言语辩解又有什么用？更何况，我们也确实没有足够的时间与精力去辩解。

这时候，第一选择应该是反思："我究竟什么地方做错了，乃至于我会被这样误解？""假定我真的做错了，那么会造成什么影响？"只有这样，我们才能有效地找到自己的表达方式、行为模式之中的易被曲解之处，才可以自我纠正，以便不再被误解。这是摆脱自我局限、走向成熟必须要做的事。

大体来说，误解的形成原因有两个：一是自身言行不够谨慎，言谈行事有欠周到、欠细致、欠精明之处，致使他人不能准确地领会你的意图；二是对方的主观臆测，由于每个人受到不同的经历、学识、价值观、气质、心境等方面的影响，会对同一件事、同一句话及同一个人有不同理解。

对于误解，当面说清是最简捷、最方便的解决方法。不过，最超然的方法莫过于一笑置之、淡然处之，尤其是当误解用语言不能解释清楚的时候。但凡大气的人都是这样做的，下面我们来看一个事例。

那天人特别多，一个长发的时髦姑娘刚挤上公交车，就觉得自己的长发被后边的人拉着，于是她猛地转身，抬手就是一记耳光。"啪"的一声脆响，全车人的目光都盯着挨耳光的人身上，那是个穿着军装的小武警！

长发姑娘怒吼道："你居然敢扯我头发，本姑娘是随便可以欺负的吗？"

小武警没有吭声，只是微笑着，有些脸红。

"武警怎么了，还无法无天了？"长发姑娘继续骂骂咧咧的，其他人也对小武警指指点点的。

小武警脸更红了，指了指车门。

原来，姑娘的长发是被车门夹住的。姑娘的脸一下就红了，一句话也说不出来了。其他乘客看不过去，纷纷指责那个姑娘。

小武警始终没有开口，他不自然地朝着姑娘和大家一笑，也许是表示谅解。仿佛是为了不让姑娘难堪，车刚到下一站停下，小武警就转身下车了。

看着小武警离去的身影，姑娘不知所措，她恨不得找个洞钻进去。

不得不说，故事中的小武警有一种开阔的胸怀、博大的气度、宽宏的雅量，所以他能容得下长发姑娘对自己的误解，也不计较别人怎么看、怎么说。当长发姑娘了解真相后羞愧难当，众人也对他生出了敬佩之情。

被人误解时，心情总是苦闷的，微笑是一种难得的素养，也是一种超群的智慧。面露平和欢愉的微笑，可以让人产生信任感，容易被别人真正地接受。同时，微笑反映出自己心底坦荡、善良友好，能消减对方的怒气，促使对方冷静思考问题。

采取以上方法后，大多可以排除彼此的误解，化解内心的委屈，使自己与他人都尽快地轻松舒畅起来。若对方不通情达理，任凭你怎么做也没有用，那么不妨置之不理，那样小气的朋友不交也罢。

敢于让步，也不失为一种幸福

用争夺的方法，你永远得不到满足；如果用让步的方法，你可以得到比企盼的更多的东西。

在现实生活中，有些人总是注重自己能够得到什么，只要一见到好处就巴不得全揽到自己身上，一见到坏处就恨不得推给别人，生怕自己吃亏，只要吃一点儿亏就觉得委屈，甚至视吃亏是被人利用的表现。

下面，我们来看一个例子。

苏珊是一家汽车公司的网络编辑，她最害怕的就是吃亏，尤其是在工作上，做完自己的工作后，宁可坐着歇着也不肯帮帮周围忙得头晕转向的同事们，下班比谁都走得早，这让同事们很不喜欢。

有一天下午，公司要急发通告信给所有的营业处，而公司的文员又请假，所以办公室主任抽调了一些员工协助，苏珊就在此列。苏珊对此感到委屈，认为这不是自己的工作，做了就吃亏了，便不高兴地说："凭什么要我去？再说了，我到公司来不是来做套信封工作的，我不做。"之后便依然准点下班。

听了这话，办公室主任面带不悦地抱走信封带着其他人整理去了。可以想象，在热火朝天的加班场面中，只有苏珊的位子是空的，这让同事们心里很不平，把平时对苏珊的怨言通通一吐为快，这些话恰巧又被经理听到了。第二天，苏珊惨遭开除。

254

这个故事给我们的最大启示是：不肯吃一点儿亏，不肯受一点儿委屈，就算省了自身的力气，得到了一些利益，却显得有失风度，路只会越走越窄。所以，苏珊被公司开除不足为奇，甚至可以说在情理之中。

我们再来看一个故事，虽然是虚构的，却很能说明问题。

有一句很著名的古训——"吃亏是福"。清人郑板桥曾经把它题写在匾额上，训诫后人。一念之间，"吃亏"与"得福"便完成了转化。郑板桥先生的"吃亏是福"思想，应当源于老子在《道德经》里的一句有名的论断："祸兮，福之所倚；福兮，祸之所伏。"

有些人或许会提出疑问：吃亏应该让人压抑才对啊，怎么就"吃"出福气了呢？这是因为，不能吃亏的人在是非纷争中过于精明、锱铢必较，只能局限在"不亏"的狭隘的自我思维中。这种心理会蒙蔽他们的双眼，束缚他们的心灵，吃亏换来的是心灵的平和与宁静，也会赢得别人的爱戴和尊敬，那无疑是获得了人生的幸福。

那些登上成功巅峰的人很早就明白，既然吃亏是没人愿意做的事情，那么自己就不妨超然一点儿，主动吃一些亏让别人占便宜。安然吃亏的品格比天才更重要，而缺乏这种品格，神童也难成大事业。

对于这一点，某电视台高级销售经理人亚伦深有体会。

大学毕业后，亚伦在某电视台做初级广告销售代表。作为一名刚进入此行的年轻人，在竞争激烈、人才济济的情况下，亚伦明白只有自己主动一点儿才有可能有所成就，因此他总是本着"吃亏是福"的信念，主动去做更多的事情。比如，公司的客户电话簿旧了，亚伦主动会将电话记录誊写到新的电话簿上；上司要打印客户资料，他总是第一个跑到打印机前，"来，让我做吧"；有同事工作进度慢了，他忙完自己的工作，就主动帮对方做一些工作……看起来亚伦是吃亏了，但是他却赢得了全公司人的喜欢，人人都知道这是一个勤快的小伙子。

有一次，台里需要有人来负责销售政治类广告，这是一个比较棘手的工作，要想做好这份工作要付出比平时更多的时间和精力，而且没有业绩也就没有提成，因此没有人肯吃这个亏，大家一再推辞。最后这个"烫手山芋"交到了亚伦手里。亚伦也想辞，但是犹豫再三，他还是答应了下来。

同事们长吁了一口气，感慨终于轮不到自己做这件苦差事了，同时也对亚伦增加了几分的感激和佩服。好友很不解地问亚伦为什么这么傻，亚伦笑笑说："吃亏就是福嘛！"刚接手时，亚伦心里也有点儿发虚，但他凭借着踏实认真的工作态度，最终将这个工作做得顺风顺水，并凭此得到了一个提拔机会。

在表面上，亚伦是吃了一点儿亏，可正是由于他的主动吃亏，获得了公司上至领导，下至同事的一致赞叹。同时，大家把他的主动吃亏看在眼里，记在心里，愿意把升职加薪的机会让给他。

正如古人所言，如果用争夺的方法，你永远得不到满足；如果用让步的方法，你可以得到比企盼的更多的东西，这就是"吃亏是福"真正的意义所在。坦然地面对吃亏，这代表了一种境界、一种给予、一种忍让、一种厚道，更是一种睿智。

不过，凡事都有一个度，吃亏的前提是点到即可，使自己在大事上不受影响，不能一味地牺牲自身利益，更不能突破自己的底线；否则，就有可能给对方造成巨大的心理压力，彼此感觉很累，也容易出现心理失衡。

接受批评吧，它会让你变得更优秀

喜表扬、恶批评是一种普遍存在的心理现象。

不过，心胸豁达的人就不会把挨批当作委屈，反而虚心接受批评，

甚至微笑面对。

人的一生中，无论是小人物还是大人物，不管是失败者还是成功者，总是难免遭遇别人的批评。小时候淘气，免不了受父母的责骂；上学后又多了老师的批评；参加工作了，意见和批评更是接踵而至……

喜表扬、恶批评是一种普遍存在的心理现象。很多时候，我们一听到别人的批评就会觉得委屈，或面红耳赤、忐忑不安，或刚愎自用、固执己见、暴跳如雷、恼羞成怒、死不认错，或当面千恩万谢地接受，转个身却忘得一干二净，心里怨恨，寻衅回击……

不过，如果你想赢得别人的喜爱和认可，一定要杜绝以上几种做法。因为这几种做法显然没有雅量，只会令别人觉得和你难以沟通，不能和气地倾谈，这对你是不利的；相反地，那些受别人喜欢和认可的人往往能够虚心接受别人的批评，甚至笑对别人的批评，认真分析之后，觉得对的便微笑接受，如此就给他人留下了真诚坦率、超然脱俗的好印象。

纵观我国历史，凡是成就突出的人，大都勇于接受批评意见。历史上的唐太宗是一个贤明的皇帝，他之所以能缔造出中国历史上最强大的帝国——唐朝，在

很大程度上离不开他十分信任的谏臣魏徵的批评。如果他不能接受批评，而像秦始皇一样焚书坑儒去排斥批评，或许只会步秦灭之后尘。

说到这里，我们不禁要思考为何大多数人会害怕被批评，一挨批评就觉得委屈？从心理学上讲，这是因为批评乃是真的事实，就如同有人拿着镜子在我们面前，使我们不得不面对自己的一些缺点或弱点，而人的本性又是趋利避害的，批评愈真实，我们愈加害怕，因而想逃避、想拒绝。换句话说，别人批评我们是为了让我们更清楚地看待自己，让我们认识到自身的缺点或弱点。

现代社会，能够直言不讳地指责他人缺点者已经日渐减少。无论是你的上级、长辈或同事，大都不愿意冒着使别人恼恨的危险去批评别人，而是大多抱着一种独善其身的态度漠视一切。从某种程度上说，批评还是一件危险的事情，能够不顾后果提出批评者，一定是对我们怀有深厚感情之人。

春秋战国时期，墨子与他的弟子耕柱之间发生的一件事情就很巧妙地说明了这一点。

耕柱本是一代宗师墨子的得意门生，但却总是会因为这样或那样的事情挨墨子的责骂。有一次，墨子又因为某件事情而批评了耕柱，耕柱觉得非常委屈。因为在墨子的众多门生之中，耕柱是公认的最优秀的门生，然而他却偏偏经常会遭到墨子的批评，这让他感到很没面子，为此而郁闷不已。

这天，耕柱为此而愤愤不平地问墨子："老师，难道在这么多门生中，我竟是如此的差劲吗？为什么您老人家总是会时不时地就责骂我呢？"

墨子听了耕柱的话后，反问道："假如我现在要去太行山，依你之见，我应该要用良马来拉车，还是用老牛来拖车呢？"

耕柱回答说："再笨的人也知道应该用良马来拉车。"

墨子又问耕柱："那么，为什么不用老牛呢？"

耕柱回答说："理由非常简单，因为良马足以担负重任，值得驱遣。"

墨子说："你答的一点儿也没有错。我之所以时常责骂你，也是因为你能够担负重任，值得我一再地教导与匡正啊。"

耕柱听了墨子的这番话后，立刻就明白了老师对自己的良苦用心。从此以后，耕柱再也不觉得遭受到批评会没面子了，相反，他为此而更加发奋努力，最终成为了墨子思想的继承者。

《孔子》有言："良药苦口利于病，忠言逆耳利于行。""人受谏，则圣；木受绳，则直；金受砺，则利。"所谓朋友之道贵在批评，批评是别人送给你的最有价值的礼物。所以，我们千万不要不理或拒绝别人的批评，而是要诚恳、虚心地接受别人的忠告，进而重新评估自己的价值，把批评的压力变成继续前进的动力。

事实上，我们每一个人都难免会失误。出现失误并不可怕，问题的关键在于我们要能够为自己的行为负责。勇于承认自己的失误并诚恳地接受批评，为自己的行为负责不仅可以体现出一个人的襟怀和涵养，是一个明智的人应持的正确的处世态度，也是每一个成功者必备的素质。

因此，那些有胸怀、有气度的人从不把挨批当作委屈，他们不仅能愉快地接纳别人的批评，而且会大度地欢迎别人的批评，彻底反省、思过、改进，接受忠告并善加活用，从而也就汲取了众人的智慧，避免了自己的失误，使他人的忠告成为自我成长的原动力，最终成就了自己的大业。

认真地对待批评，诚恳地接受批评，为自己的行为负责，没有牢骚没有不服气、没有太多不必要的解释，是做人的法则之一，也是获得成功的前提。

每一次委屈，都是一次成长

受委屈的滋味不好受，但还有比委屈更为重要的事，如自身的生存和发展。不妨学会承受委屈，并能够化委屈为动力。

在生活中，有谁没尝过委屈的滋味呢？因为对方情绪化，因为沟通不力，总有不辨是非的时候，难免遭受委屈。人们往往在年少轻狂的时候是受不得冤枉的，哪怕受到小小的委屈，也会急得跳起来，非要争个脸红脖子粗才肯罢休；气量狭小的人更是受不得委屈的，自尊很容易受损，焦急、忧虑、悲伤和愤懑……

王颖在一家杂志广告公司做文案策划工作，总经理要求她整理一份广告文案材料，说是下次开策划会议时用，很着急。王颖不敢懈怠，愣是在公司加了两天班，啃了两袋方便面做出了一份详尽的文案，完成后，她第一时间把文案放到了总经理的桌上，正在打电话的总经理示意她把文案放下。

没想到过了两天，总经理怒气冲冲地找到王颖，语气很重地问她为什么还没准备好材料？这么没有工作效率，耽误了开会怎么办？

王颖没说什么，在总经理桌上找到那份文案，默默交到总经理手中。

不能承受委屈，意气用事，只会导致自己的委屈更大。因为在职场上，不管谁对谁错，都不要指望得到别人的理解，也不要指望上级来"安抚人心"，而且你的事业还需要他人的支持和帮助，至少需要他人不从中作梗。此时，不如化委屈为动力，迂回委婉地处理问题，因为还有比委屈更为重要的事，比如自身的生存和发展。所以，受点儿委屈，不委屈。当然，受委的屈目的只有一个：就是给别人一个台阶下，使问题得到正确的解决。

事实上，对委屈的承受，可让一个人的胸襟更开阔、意志更顽强。那些事业有成者，在他们辉煌的背后其实也有过委屈。他们超乎常人的承受力铸就了他们博大的胸怀，并贯穿他们成功之前整个的奋斗历程。

尹力是一家药品生产公司的文秘，她的老板非常严肃，只要公司一出现什么问题，老板就会阴沉着脸斥责尹力，哪怕有时不是尹力的责任，而且话说得不留任何余地……

每当这时，尹力都会觉得非常委屈：为什么老板从来不站在自己的角度思考问题呢？每次她都会有一种辞职的冲动，但转念一想：选择现在离开，只能证明自己的失败，所以不如暂且压压火气，努力证明自己的实力，并且成为公司独当一面的人物。一年之内，尹力办公室的抽屉里锁着五六份辞职信，都是写了没交的。最终，凭着自己的优秀表现，她升至办公室主任，公司离不开她，她也离不开公司了。

对于自己的成功，尹力总结道："出门在外，哪有不受气的？许多当时以为是过不了的关、咽不下的气，事后想想，其实也并不是那么糟。挺一下，不都过去啦？在外面工作，要有好心态、大气量。"

"在外面工作，要有好心态、大气量。"关于这一点，马云也说过一句很有意思的话："男人的胸怀是被委屈撑大的。"不管别人怎么误解你，关键是自己要有海阔天空的胸怀。

当然，受了委屈，我们最好要寻找情感宣泄的渠道，如对好朋友倾诉、建立社会支持网络；对着空旷的场地大喊几声、大哭一场；或者去跑步、听音乐。待情绪稍稍稳定后，想想问题在哪里、自己下一步该怎么做。

停止抱怨、忘记委屈，带着微笑朝成功迈进吧。

图书在版编目（CIP）数据

每晚临睡前，原谅所有的人和事 / 丁宁著 . —北京：
中国华侨出版社，2016.6

ISBN 978-7-5113-6107-3

Ⅰ.①每… Ⅱ.①丁… Ⅲ.①人生哲学 – 通俗读物
Ⅳ.① B821-49

中国版本图书馆 CIP 数据核字（2016）第 139545 号

每晚临睡前，原谅所有的人和事

著　　者 / 丁　宁

责任编辑 / 文　喆

责任校对 / 高晓华

经　　销 / 新华书店

开　　本 / 670 毫米 × 960 毫米　1/16　印张 /17　字数 /227 千字

印　　刷 / 北京建泰印刷有限公司

版　　次 / 2016 年 8 月第 1 版　2016 年 8 月第 1 次印刷

书　　号 / ISBN 978-7-5113-6107-3

定　　价 / 33.00 元

中国华侨出版社　北京市朝阳区静安里 26 号通成达大厦 3 层　邮编：100028

法律顾问：陈鹰律师事务所

编辑部：（010）6444305664443979

发行部：（010）64443051 传真：（010）64439708

网　　址：www.oveaschin.com

E-mail：oveaschin@sina.com